みんなのKotlin

技術評論社

はじめに

本書では、JetBrains社が開発したプログラミング言語「Kotlin」に関するさまざまな使い方やTipsを、普段現場の第一線で使っているエンジニア達が紹介します。

Kotlinはラムダ式やNull安全、公式で提供されている便利な拡張関数などモダンな言語の良い点を取り込んで作られています。また、JVM上で動作するため、これまでJavaで使われていた多くの資産をすぐに利用できることもメリットです。

思えば私がはじめてKotlinに出会った2015年4月は、まだマイルストーンの段階で、公式ドキュメント以外の情報はほぼなく、GitHubのIssueやREADMEのみが頼りでした。JetBrains社がリリースのたびにアップデートの詳細なブログを書き、公式ドキュメントを充実させてきたおかげもあって、徐々にファンを増やしていき、ついに2017年6月のGoogle I/Oにて、Androidにおける公式言語として採用されました。

Androidに公式採用されてからは爆発的にユーザを増やしており、現在ではAndroidのみならずサーバサイドでも多くの現場で利用されています。

Kotlinを使うメリットに、IDEとの親和性が高い点が挙げられます。というのも、JetBrains社はAndroid StudioやPyCharmのベースにもなっているIntelliJ IDEAというIDEを開発している会社です。そのため、IDEによるサポートがとても手厚く、多くの場面で開発の手助けを行ってくれます。

また、JetBrains社はコミュニティ運営にも力を入れており、KotlinConfというカンファレンスを2017年から毎年開催していたり、世界各国のKotlinイベント一覧[注1]を掲載していたりします。中でもSlack[注2]には、JetBrains社やGoogleなど世界中の著名エンジニアが所属しており、日々活発に議論が繰り広げられています。直接JetBrains社のエンジニアに質問できるという素晴らしい環境で、仕様に関する話し合いも行われており、これからKotlinを学ぶ方は必読です。

英語が苦手な方には、日本のKotlinコミュニティ「JKUG」がホストしているSlack[注3]もあるので、そちらに参加するのも良いでしょう。コミュニティによる手厚いサポートもKotlinの魅力の1つです。

注1) URL https://kotlinlang.org/community/talks.html
注2) URL https://surveys.jetbrains.com/s3/kotlin-slack-sign-up
注3) URL https://kotlinlang-jp.herokuapp.com/

本書ではKotlinの文法などにはあえて触れません。普段から業務でKotlinを活用している筆者達が、実際にKotlinを使い続けていく間に蓄えてきた知見やハマりポイントを解説しています。Kotlin自体のTipsだけではなく、実際の現場で一番使われているAndroidアプリ開発や近年利用が広がっているサーバサイド開発、テストの3つの観点からみなさんが明日からすぐに現場で使える知見を得られるでしょう。

また4章では、今後Kotlinの魅力をさらに加速させるCoroutineやMultiplatform Projectといった比較的新しい技術に関しても解説しています。

本書で紹介する、より実践的で具体的なテーマや例に触れる中でKotlinの魅力が伝われば幸いです。

著者を代表して　荒谷 光

謝辞

はじめに、これまでKotlinの開発や普及に尽力された技術者や経営者の方々に感謝いたします。本書の刊行は、これまでさまざまな形でKotlinを支えてきた方々がいなければ不可能でした。Kotlinが多くのシステムに採用されていく中で、コミュニティに好感を持って受け入れられたことが多くのファンを生み、さまざまな情報がやり取りされる環境が作り出されたことに、非常に感謝しております。

この執筆プロジェクトは、山戸と著者の1人である前川とが起点となり、主に友人や勉強会コミュニティの知人の中で「Kotlinをテーマとした本」を書きたいという趣旨に賛同いただけるメンバーを集めるところからスタートしました。結果としてAndroidからサーバーサイドまで幅広い著者陣に執筆をお願いできたことに大変感謝しております。

また、本書の執筆にあたって、次の7名の方々にご協力いただきました。赤塚浩一さん、釘宮慎之介さん、新保圭太さん、星川貴樹さん、松田淳平さん、毛受崇洋さん、矢崎聖也さん。本書の原稿レビューを事細かに実施していただくとともに、非常に有益なご指摘を数限りなくいただくことができました。ここに感謝申し上げます。

最後に、本書の企画をいただきました株式会社技術評論社の細谷さん、ならびに長い間本書をご担当いただきました同社の鷹見さんに大変感謝いたします。お二人の多大なご尽力がなければ、本書が出版までたどり着くことはなかったと思っております。ありがとうございました。

2020年1月　山戸茂樹

Androidアプリ開発におけるKotlin

KotlinはJavaと100%の相互運用性があり、Androidアプリ開発言語として使用することができます。そのため、Javaベースで書かれたAndroidフレームワークやライブラリであっても問題なく共存することができ、KotlinからJavaベースのコードを呼び出したり、JavaからKotlinベースのコードを呼び出したりできます。

Kotlinを使った際の開発環境

Androidアプリ開発を行う際には、IDEとしてAndroid Studioを利用します。Android Studioは、単にKotlinでAndroidアプリ開発を行えるだけでなく、Kotlinでの開発をサポートするためのさまざまな機能を提供しています。たとえば、JavaベースのコードをKotlinに変換したり、KotlinのコードをByte CodeやDecompileされたJavaコードに変換したりすることができます。

また、Android StudioにはKotlinへのLint機能も備わっています。Kotlinらしくない記述があれば、IDE上でwarningとして表示されるため、よりKotlinらしいコードを保つことがきます。

KotlinでのAndroid開発を促進

Googleは、開発者に積極的にKotlinを採用してもらうために、さまざまな面からKotlinによるAndroid開発への投資を行っています。

Android開発を行う上で非常に重要なJetpackライブラリの中には、Kotlinの言語機能を活かした機能や、Kotlinからの呼び出しをシンプルにするための実装がなされています。

また、Android SDKに関しても、Android 9(APIレベル28)より「NullPointerExceptionを回避するための`@NonNull`/`@Nullable`アノテーションが積極的に付与されるようになり、APIリファレンス内のコードはKotlinでも入手できるようになりました。

Kotlin学習に対するサポート

Googleは、Kotlinの学習に関してもサポートを行っています。Googleが提供するAndroidコードのサンプルコレクション[注1]の中にはKotlinで書かれたものが多く存在しますし、GitHub上で公開されているGoogle I/Oアプリのソースコード[注2]は、KotlinでAndroidアプリ開発を行うにあたって非常に参考になります。

その他にも、Coroutineを使った実践的なコードラボや、Kotlinらしいコードを書くためのコードラボなどが提供されています。

注1） URL https://developer.android.com/samples　注2） URL https://github.com/google/iosched

サーバサイド開発におけるKotlin

サーバサイドアプリケーション開発においても、近年Kotlinは盛り上がりを見せています。Kotlinを開発言語として選択するメリットをいくつかご紹介します。

相互互換性

Kotlin はJVM言語であり、Javaとの完全な相互互換性があります。つまりKotlinは、比較的新しい言語でありながら、Javaで作成された膨大な数のライブラリを使用することができるのです。これはサーバサイドアプリケーションを開発するにあたり、開発スピードや保守性の向上に大きく寄与します。またKotlinで書いたコードはJavaから呼び出すこともできるため、既存のJavaプロジェクト内にKotlinのコードを部分的に織り交ぜることも可能です。

スケーラビリティ

Kotlinの言語機能として提供されているCoroutinesを使用することで、簡単に非同期プログラミングを行うことができ、膨大なリクエストも比較的少ないリソースで捌くことが可能になります。

ツールのサポート

Kotlinを開発しているJetBrains社は、IDEとしてIntelliJ IDEAを開発しています。そのため、開発時にはIDEの各種ツールや機能、プラグインを活用しながら素早くかつ安全に実装を進めることができます。

代表的なWebアプリケーションフレームワーク

Kotlinでサーバサイド開発を行う際に使用される、代表的なWebアプリケーションフレームワークは以下の2つです。

・Spring Framework[注1]

Javaプラットフォーム向けのフレームワークであり、Spring Boot、Spring Data、Spring Securityなどさまざまなプロジェクトが OSSとして開発されています。Springのプロジェクトは多岐にわたるため、あらゆるプロダクトに対応できるポテンシャルがあります。2017年9月にリリースされたSpring Framework 5よりKotlinのサポートが入り、今後も積極的にKotlinをサポートしていく事を掲げています。2013年からPivotalへプロジェクトが移管され、

注1） URL https://spring.io/

運用されています。

・**Ktor** 注2

JetBrains社が主導して開発を行っているOSSです。2018年11月にバージョン1.0.0がリリースされました。特徴として、非同期プログラミングを簡単に実装できること、必要なライブラリのみをシンプルに組み合わせて軽量に動作させられることなどが挙げられます。

Kotlinの実行環境

Kotlinで作成したサーバサイドアプリケーションは、ランタイムとしてJavaが使用できる環境であれば、どこでもデプロイ・実行することができます。自前のサーバにJavaランタイムを構築した環境はもちろんのこと、FaaS, PaaSなどのCloudサービスの大半でJavaランタイムを選択することができるため、Kotlinの実行環境の構築に苦労することはあまりありません。

注2) URL https://ktor.io/

目次

第4章 実践 Kotlin開発 最新情報

愛澤 萌／荒谷 光

前川 裕一 *Yuichi Maekawa*
Mail ▶ kaelaela.31@gmail.com
Twitter ▶ @_kaelaela
GitHub ▶ kaelaela

Kotlinの始め方

Kotlinは、モバイルアプリやサーバサイドアプリ開発はもちろん、MultiplatformやKotlin/Nativeの登場で多くのソフトウェア開発を行うことができるようになってきました。GitHub上では、2018年に最も早く成長した言語であり[注1]、また、2019年でも4位と人気が続いています[注2]。

本章では、文法などはある程度理解したという前提で、簡単な導入方法、どんなプロジェクトでも始めやすいLintツールについて紹介します。Lintはチーム内での知識差、習慣差によってそれぞれ自由なスタイルでコードを書いてしまっている部分を統一しつつ、文法や習慣に慣れるのにも役立ちます。また、Kotlinは単なるオブジェクト指向プログラミング言語というだけでなく、その他の多くの言語やプログラミングパラダイムのエッセンスを取り入れて進化してきています。それらのエッセンスをKotlinでどのように活かしてプログラミングできるかも紹介します。

注1) The State of the Octoverse: top programming languages of 2018 | The GitHub Blog
URL https://github.blog/2018-11-15-state-of-the-octoverse-top-programming-languages/

注2) Top languages | Octoverse2019
URL https://octoverse.github.com/#top-languages

1.1 Kotlin実行環境の紹介

Kotlinを始めるのは簡単です。多くの場合、Androidアプリ開発エンジニアとしてAndroid Studioを使うと思いますが、Android Studioについては2章でAndroid関連の話題とまとめて紹介します。ここでは、簡単にはじめられるその他の方法を紹介します。1つは、ブラウザを使ってKotlinのコードを記述できるPlayground、もう1つはコマンドラインでのKotlinコードの実行方法です。

ブラウザを使ってKotlinを書きはじめる

試しにまずKotlinを書いてみたいという方は、ブラウザを使ってPlayground[注1]にアクセスしてみましょう。ここでは、開発環境を導入することなくKotlinを書き始めることが可能です(図1)。

PlaygroundにはKoans[注2]という練習プログラムがあり、これは「公案」という禅問答の英語表記がそのまま使われているようです。

注1) URL https://play.kotlinlang.org/
注2) URL https://play.kotlinlang.org/koans/overview

統合開発環境(IDE)

KotlinはJetBrains社が開発しているプログラミング言語です。そのため、同じくJetBrains社が開発する統合開発環境(IDE)であるIntelliJ IDEA[注3]や、IntelliJ IDEAがベー

注3) URL https://www.jetbrains.com/idea/

図1 | Playground

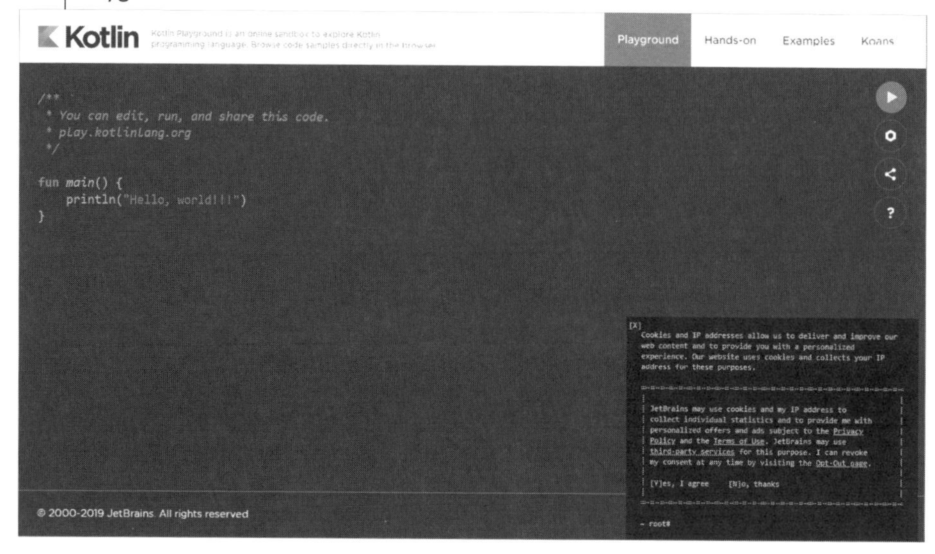

リスト1 hello.kt

```
fun main() {
    println("Hello, world!!!")
}
```

リスト2 hello.kts

```
fun main(args: Array<String>) {
    println("Hello ${args[0]}!!!")
}
```

スになっているAndroid Studio[注4]を使って開発するのがおすすめです。

他のIDEなどでも、シンタックスハイライトしてくれるプラグインなどが多く出ています。使い慣れたお好きな開発環境で始めることができるでしょう。

KotlinコンパイラとKotlin Script

自分のマシンでコンパイルしたいという人は、自分のローカル環境にKotlinコンパイラをインストールしてコードを実行できます。Homebrewを使っている方は以下のようにインストールできます。

```
$ brew update
$ brew install kotlin
```

他にも、SDKMAN!やMacPortsなどを使ったインストール方法は、公式のチュートリアル[注5]からご確認ください。

これでローカルでコードをコンパイルできるようになりました。**リスト1**のコードを「hello.kt」として作成します。

kotlincコマンドを使ってKotlinコードをコンパイルできます。`-include-runtime`をオプションを指定することで、Kotlinランタイムライブラリを一緒にコンパイルし、jarファイルを作成します。

```
$ kotlinc hello.kt -include-runtime -d hello.jar
```

jarファイルは、Javaでそのまま実行可能です。

```
$ java -jar hello.jar
```

また、以下のコマンドでKotlinのREPLを起動できます。

```
$ kotlinc-jvm
```

Kotlinはファイル名をktsに変更し、トップレベルに実行可能コードがあればスクリプトとして動作可能です(**リスト2**)。

スクリプトとして実行するには`-script`オプションを指定します。

```
$ kotlinc -script hello.kts
```

注4) URL https://developer.android.com/studio/

注5) URL https://kotlinlang.org/docs/tutorials/command-line.html

1.2 Kotlinらしいコードを書く

Kotlinらしいコードにするためには、言語機能について理解する必要があります。豊富な言語機能を最初からすべて理解することは困難です。そのためKotlinでは、ツールを用いたサポートを充実させています。しかし、言語機能を理解せずにツールを使うだけではKotlinらしいコードにはなりません。ここでは、知っておくべき基本的な言語機能と、Lintツールを使うことでよりKotlinらしいコードを書く方法を紹介します。

はじめに

Kotlinを使う人のうち多くは、JavaからKotlinに移行しているのではないかと思います。IntelliJ IDEAやAndroid Studioを使って開発している人であれば、[Code]→[Convert Java File to Kotlin File]を実行することで、JavaコードをKotlinコードに変換することができます。

しかし、この機能を使って変換しただけだと、Kotlinらしいというより「Javaを正しくKotlinに変えただけのコード」になってしまうことが多いです。中でも多く見られるのは、JavaのコードがNull許容型なため、変換後の変数参照に!!が付いた状態などです。こういった「Kotlinらしくないコード」には、解説記事などでKotlinの言語機能としておかしいと説明されていたり、IDE上で静的にエラーやワーニングが出たりするようになります。公式ドキュメント[注1]でも、「NPE-loversのためのオプション」と表現されていたりします。

注1） URL https://kotlinlang.org/docs/reference/null-safety.html#the--operator

ここでは、まずJavaにはないKotlinの便利な言語機能を理解していきましょう。

Kotlinの言語機能を活用する

Kotlinの豊富な言語機能の一部ですが、Javaからの移行をするうえで使っておくべきものを紹介します。

プロパティ

Javaからの移行で最初に行いたいのは**プロパティ**の活用です。

たとえば、Javaで書かれたUserクラス(**リスト1**)があるとします。**リスト1**をKotlinで書くと、**リスト2**の記述だけで済みます。

このように、Javaではクラスのメンバーとして扱っていた値をクラス定義内に収め、getterやsetterを省略できるのがプロパティのいいところです。

Dataクラス

プロパティで変換したUserクラスの`class`の前に`data`という修飾子を付けるだけで、

リスト1 Javaで書かれたUserクラス

```
public final class User() {
    private String name;
    private int age;

    public String getName() {
        return name;
    }

    public void setName(String name) {
        this.name = name;
    }

    public int getAge() {
        return age;
    }

    public void setAge(int age) {
        this.age = age;
    }
}
```

リスト2 リスト1をKotlinで記述したコード

```
class User(
    val name: String,
    val age: Int
)
```

toString、equals、hashCodeといったボイラープレートを、コンパイル後のクラスに定義してくれる便利な機能です。

拡張関数

自分が開発しているJavaプロジェクトの中に「util」という便利クラスを集めたパッケージがある方は、**拡張関数**を使って置き換えられないか検討しましょう。**リスト3**はJava 8以降での記述です。

このようにJavaでは、Utilクラスにstaticメソッドを定義してプロジェクト内で便利に使いまわしていると思いますが、Kotlinの拡張関数を使うと**リスト4**だけで済みます。

Kotlinの拡張機能をうまく使えているプロジェクトでは、Utilクラスがない場合が多いです。

スコープ関数

Javaではクラスのインスタンスに対して値を代入する場合に、一度変数にしてから代入していきます(**リスト5**)。

Kotlinでは、**スコープ関数**を使うことで冗長な記述をなくすことができます(**リスト6**)。

applyのブロック内には、thisでそのインスタンスへアクセス可能になります。

これでシンプルな記述ができていますが、Javaでもコンストラクタの仕組みを使えばある程度シンプルにできます(**リスト7**)。

Kotlinと違い、名前を明示的にできないので意味が分かりにくくなるかもしれませんが、

リスト3 Utilクラスを使ったJavaコードの例

```
public class ListUtils {
    public static String makeCSV(List<String> list) {
        StringBuilder csv = new StringBuilder();
        return String.join(",", list);
    }
}
```

リスト4 リスト3をKotlinで記述したコード

```
fun List<String>.makeCSV(): String = this.joinToString(",")
```

リスト5 インスタンスに対して値を代入(Java)

```
public static void main(String[] args){
        User user = new User();
        user.name = "kotlin";
        user.age = 8;
    }
```

リスト7 コンストラクタの仕組みを使ったJavaのコード

```
public static void main(String[] args) {
    User user = new User(
        "kotlin";
        8;
    );
}
```

リスト9 スコープ関数を使ったKotlinのコード

```
fun main() {
    (省略)
    val user = User().apply {
        name = "kotlin"
        age = 8
        repository(this)
        logger.info(this)
    }
}
```

記述量は少なくなりました。ですが、ここからUserクラスを保存し、ログに出力するという処理をしたい時はどうなるでしょうか。Javaでは**リスト8**のようになります。

これではUserクラスのインスタンスが関数内の広いスコープで参照されることになり、Kotlinらしくないコードと言えます。スコープ関数はこういった処理をできるだけまとめるのに役立ちます(**リスト9**)。

Null許容型

Javaでは、プリミティブ型以外は基本的にすべてNullになる可能性があります。そのため、IDEを使うと警告は出ますが、**リスト10**のコードはコンパイル可能です。しかし、実行時エラーでアプリケーションが終了します。

こういうエラーは、できるだけコンパイル時にハンドリングして開発を進めるのが静的型付き言語の良さです。

Kotlinでは**Null許容型**を用意することで、この問題をコンパイル時に解決しています(**リスト11**)。

変数の型に?を付けることで、Nullを代入できる変数として扱われます。?を付けない場

リスト6 スコープ関数を活用したコード(Kotlin)

```
fun main() {
    val user = User().apply {
        name = "kotlin"
        age = 8
    }
}
```

リスト8 Userクラスのインスタンスが広いスコープで参照されてしまう(Java)

```
public static void main(String[] args) {
    User user = new User(
        "kotlin";
        8;
    );

    (省略)
    repository.store(user);
    (省略)
    logger.info(user);
}
```

リスト10 警告は出るがコンパイル可能なJavaのコード

```
public static void main(String[] args){
        User user = null;
        System.out.println(user.name);
}
```

リスト11 Null許容型を利用したKotlinのコード

```
fun main() {
    val user: User? = null
    println(user.name) // コンパイルエラー
}
```

合は、Nullを代入できなくなります。いずれにせよ、コンパイル時にこれらのエラーを見つけられるので、実行時には解決された状態になります。

実際には、Nullが入る可能性を否定できない場合もあると思います。その場合は、**リスト12**のように変数アクセス時にも?を付けることでコンパイルを通過することができます。

リスト12 変数アクセス時にも?を付けたKotlinのコード

```
fun main() {
    val user: User? = null
    println(user?.name)
}
```

実行時にuserがnullの場合は、NullPointerExceptionにはならずに、**リスト12**ではそのまま「null」と出力されます。Null許容型を使うことで、コードを書いている時点でNullになるかどうかを意識し、仮にNullになった時にも実行時エラーにならないようなアプリケーションとなるように言語機能でサポートされています。

すべてではないですが、これがKotlinを用いてNull安全にコードを書けるといわれる大きな理由の1つです。

他にもたくさんありますが、まずはここで紹介した言語機能を使い、Kotlinを楽しく書いていただくのが良いと思います。

ktlint

Kotlinには、Kotlin開発元であるJetBrains社が用意しているフォーマッターはありません。よく使われているLintツールに**ktlint**[注2]というものがあります(**図1**)。

現在はUberのエンジニアであるStanley Shyikoさん[注3]が開発していたLintツールであり、2019年3月にPinterestのOSSとして移管されたようです[注4]。

他にもdetekt[注5]というLintツールがありますが、今回はktlintを紹介します。

ktlintのセットアップ

Macの場合はbrewを使うのが簡単です(**図2**)。

Windows環境ではcurlを使えます(**図3**)。

PGPの場合は**図4**のようにします。

Androidではでビルドすることがほとんどだと思います。ここでは紹介しませんが、

図1 ktlint公式サイト

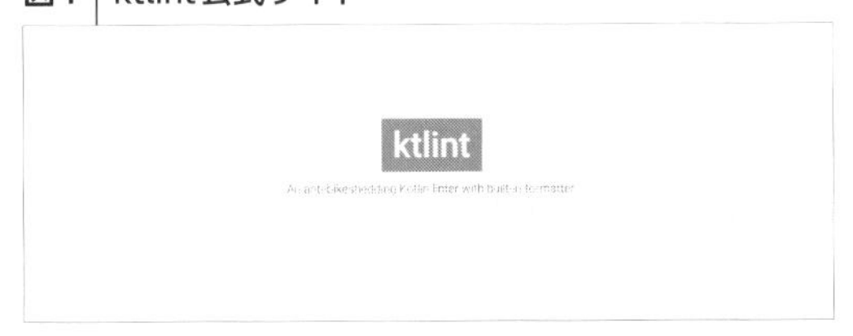

図2 brewによるセットアップ(Mac)

```
$ brew install ktlint
```

図3 curlによるセットアップ(Windows)

```
curl -sSLO https://github.com/pinterest/ktlint/releases/download/0.34.2/ktlint && chmod a+x ktlint
```

注2) URL https://ktlint.github.io/
注3) URL https://github.com/shyiko
注4) URL https://medium.com/@Pinterest_Engineering/pinterest-ktlint-35391a1a162f
注5) URL https://github.com/arturbosch/detekt

図4 | PGP(GnuPG)によるセットアップ

```
curl -sS https://keybase.io/pinterestandroid/pgp_keys.asc | gpg --import
curl -sSLO https://github.com/pinterest/ktlint/releases/download/0.34.2/ktlint.asc
gpg --verify ktlint.asc
```

図5 | カレントディレクトリのファイルをチェック

```
$ ktlint
  src/main/kotlin/Main.kt:10:10: Unused import
```

図6 | ファイルパスを指定してチェック

```
$ ktlint "src/**/*.kt" "!src/**/*Test.kt"
```

図7 | 自動でフォーマット整形

```
$ ktlint -F "src/**/*.kt"
```

図8 | 警告のアウトプット形式を指定

```
$ ktlint --reporter=plain?group_by_file
```

図10 | Gitでコミットする前にチェックする指定

```
$ ktlint installGitPreCommitHook
```

図9 | XML形式で出力

```
$ ktlint --reporter=plain --reporter=checkstyle,output=ktlint-report-in-checkstyle-format.xml
```

公式のドキュメント注6を参考に設定すると、ビルド時のチェックが可能になります。また、本稿執筆時の最新バージョンは0.35.0ですが、最新のバージョンをGitHubの公式リポジトリ注7で確認することをおすすめします。

基本の使い方

コマンドラインでktlintと入力するだけで、カレントディレクトリに存在するKotlinファイルをチェックします(図5)。フォルダーはすべてチェックされますが、隠しフォルダーはスキップされます。オプションを指定しない限り、stderrとして出力されます。

コマンドの後にファイルパスを文字列で指定することで、絶対パスでlintをかけることができます(図6)。文字列内では、*や!のような正規表現が利用できます。

ktlintはLintツールですが、ドキュメントに「An anti-bikeshedding Kotlin linter with built-in formatter」とあるように、自動でフォーマットを整えることができます。-Fオプションを指定することで、Lintと同時にフォーマットされます(図7)。gofmtからインスパイアされているようです。

--reporterオプションは、警告のアウトプット形式を指定するためのものです(図8)。

checkstyleを指定するとXML形式で出力されます(図9)。jsonにするとJSON形式で出力されます。

Tips

installGitPreCommitHookコマンドを指定すると、Gitでコミットする前にチェックし

注6) URL https://github.com/pinterest/ktlint#-with-gradle
注7) URL https://github.com/pinterest/ktlint

リスト13 | 独自のエラー出力フォーマットを作成

```
fun MutableList<LintError>.makeCSV(): String = this.joinToString(",")

class CsvReporter(private val out: PrintStream) : Reporter {

    private val errors = mutableListOf<LintError>()

    override fun onLintError(file: String, err: LintError, corrected: Boolean) {
        errors.add(err)
    }

    override fun afterAll() {
        out.println("csv: ${errors.makeCSV()}")
    }
}
```

リスト14 | 独自コマンドとしてktlintに定義

```
class CsvReporterProvider : ReporterProvider {

    override val id: String = "csv-reporter"

    override fun get(out: PrintStream, opt: Map<String, String>): Reporter = CsvReporter(out)

}
```

てくれるようになります(**図10**)。

また、独自のエラー出力フォーマットを作成するのも簡単です。Reporterというエラーがコールバックに届くクラスを実装します。1.1で作成したmakeCSVの拡張関数をMutableListに変更し、エラーが都度リストに貯め込まれ、最後にリストからCSVを出力するようにしましょう(**リスト13**)。

リスト13のCsvReporterを、ReporterProviderを使って独自のコマンドとしてktlintに定義します(**リスト14**)。

idとなっているところが、そのままコマンドのオプションになります。定義しているプロジェクトの「src/main/resources/META-INF/services」の下に「com.pinterest.ktlint.core.ReporterProvider」というクラスを作成し、独自クラスのパスを登録してjarにします。コマンド実行時に、-Rオプションとjarのパスを指定することで実行可能です(**図11**)。

ktlintでは独自のLintルールやフォーマットも作成することができますが、Kotlinらしいコードを書くという本セクションの観点から離れてしまうので、ここでは省略します。

図11 | 独自のエラー出力フォーマットを使用

```
$ ktlint -R /path/to/custom/ruleset.jar
  csv: src/main/kotlin/Main.kt:10:10: Unused import,src/main/kotlin/Main.kt:11:12: Unused import...
```

1.3 Kotlinで関数型プログラミング入門

Kotlinは、トップレベルに関数を置くことができる、ラムダのサポート、コレクションへの操作に便利な関数があるなど多くの関数型のエッセンスを持ちますが、関数型プログラミング言語ではありません。静的型付けを行うオブジェクト指向プログラミング言語です。ここでは、Kotlinを関数型言語のように記述するライブラリ群のArrowを使い、関数型プログラミングの入門を紹介します。

はじめに

Javaでプログラミングをしている時に、多くの人が手間に感じるのはNullの扱いです。Kotlinでは、Null許容型を用いてNullPointerExceptionを起こしにくいプログラミングができるようになっていますが、Null許容型は扱いにくさもあります。Null許容型は、仮に値がNullになってもNullPointerExceptionにならないための対策であり、Nullをプログラム上で扱うためのものではありません。

関数型言語では、Nullをより扱いやすくするための実装が用意されていることが多いです。最初に述べておきますが、本稿はKotlinで関数型プログラミングを行うための基本を解説するものであり、関数型プログラミングの詳細を説明するものではありません。なので、最低限必要な関数型プログラミングに関する概念の説明などはしますが、それ以上の深い仕組みや概念については説明しません。

関数型言語の特徴の1つに、何かの値を**先頭の要素**と**それ以外の要素の集合**として扱うモジュール性があります。さらに、高階関数と遅延評価という仕組みと一緒にシンプルな法則の値を抽象的に扱うことで、プログラミングにおけるさまざまな問題を解決することができます。

Nullとは、ある値が存在しないことを説明する概念です。この「値がないこと」と「値があること」を「先頭」と「それ以外」に置き換えることで、なんだか関数型でNullを扱うことができそうな気がしてきませんか？

Arrow

Arrowとは

Arrow[注1]は、Kotlinで実装された関数型プログラミングを実現するためのライブラリです。言語パラダイムが変わるわけではありませんが、関数型プログラミング言語が持つ効果や型クラス、データ型などを使うことができるようになります(図1)。

Arrowのインストール

Arrowを使うにはJDK 1.8以降が必要です。今回は公式ページにある、Gradleを用いた依

注1) URL https://arrow-kt.io/

図1 | Arrow公式サイト

存解決方法のみを紹介します。プロジェクトルートの「build.gradle」に**リスト1**のリポジトリーを追加します。

次に、アプリケーションルートの「build.gradle」に使いたいモジュールの依存を書きます。今回は簡単な紹介なので、core-dataとextras-dataのみ追加します(**リスト2**)。

Arrowではそれぞれのモジュール間の独立性が高いので、部分的に使えるように多くのモジュールに分割されています。最新の安定バージョンは0.10.3ですが、今後いくつかのデータ型がなくなる可能性や、Coroutineへの対応は先延ばしになるなど変更はまだまだありそうです。なので、1.0.0は気長に待つのがいいかもしれません。

リスト1 | プロジェクトルートのbuild.gradleに追加する内容

```
allprojects {
    repositories {
        mavenCentral()
        jcenter()
        maven { url "https://dl.bintray.com/arrow-kt/arrow-kt/" }
    }
}
```

リスト2 | アプリケーションルートのbuild.gradleに依存関係を記述

```
dependencies {
    implementation 'io.arrow-kt:arrow-core-data:0.10.0'
    implementation "io.arrow-kt:arrow-extras-data:0.10.0"
}
```

リスト3 | Null許容型であるUser型を扱うJavaのコード

```
public static void main(String[] args){
    User user = getUser();
    if (user != null) {
        System.out.println(user.name);
    }
}
```

Optionデータ型の利用

Null許容型であるUser型を扱う時、Javaでは**リスト3**のように書くと思います。

リスト3は、Nullチェックを書くことでNullPointerExceptionを防ぐコードになっています。JavaでNullチェックを書くのは仕方のないことだと諦めている方もいるでしょう。

Kotlinでは、Null許容型を使うことでNull PointerExceptionが起きません(**リスト4**)。

リスト3のJavaより簡潔に記述することができました。

しかし、実際にuserがNullかそうでないかは実行しないと分からないので、型で取り扱っているとは認識しにくいと思います。Arrowを使うと**リスト5**のように書けます。

大きな違いは、when式で型のパターンマッチができることです。

Kotlinのwhen式でパターンマッチはできますが、Kotlinデフォルトの言語機

リスト4 | Null許容型を使ったKotlinのコード

```
fun main() {
    val user: User? = user()
    println(user?.name)
}
```

リスト5 | Arrowを使ったKotlinのコード

```
fun main() {
    val user: Option<User> = None
    when(user) {
        is None -> println("user is null")
        is Some -> println(user.t.name)
    }
    // or
    user.fold({
        println("user is null")
    }, {
        println(it.name)
    })
}
```

能では構造分解などができないため、冗長な記述になってしまいます。ですが、Nullの状態を型で表現することでより理解しやすくなりました。Nullでない場合はSomeにスマートキャストされ、tを使ったプロパティアクセスが可能になり、値が取り出せます。

Noneのケースでは、値を取り出すことはできず、値がない場合の記述以外不可能となります。これが先ほど述べた、「先頭」と「それ以外」を「値がない(None)」と「値がある(Some)」として扱う関数型プログラミングのエッセンスです。

fold関数を使うと、Kotlinらしく暗黙レシーバitにマッピングされるので、クロージャ内で参照が簡単になります。fold関数は関数型プログラミングの文脈では畳み込みのことを指し、何らかのリスト構造に対して順番に関数を適用していくことをいいます。

ArrowにおけるOptionの実装[注2]は、上に記述しているwhenとまったく同じことをしています。mapやfilterなどの関数もあり、

リスト6 | Null許容型から生成

```
val user = Option.fromNullable(nullableUser)
```

Null許容型やリスト操作と基本的には変わらないように使うことができます。

Optionは、KotlinのNull許容型から生成することもできるので、既存コードの置き換えも簡単に行えます(リスト6)。

Either

Eitherの説明に入る前に、Kotlinが持つ、「成功」と「失敗」を扱いやすくするためのクラスResultについて触れます。そこから、2つの値を取り得るという状態を、Eitherではどのように実現するか説明します。

KotlinのResult

Optionを使って、Nullかそうでないかを扱いやすくなったのですが、仮にNullが何かしらのエラーを起こしたらどうするべきでしょうか？　Nullに限った話ではないですが、プログラムの実行途中で起きるエラーをどのようにハンドリングするかという問題は、どの言語でもあると思います。

その1つの解決策として、Kotlin 1.3からResultというクラスが追加されました。仕様についてはこちらのKEEP[注3]を見ると詳しく分かります。仕様を見ると分かる通り、エラーハンドリングのために用いますが、try-catch構文によるコードの冗長化などを防ぐために、

注2) URL https://github.com/arrow-kt/arrow/blob/0.9.0/modules/core/arrow-core-data/src/main/kotlin/arrow/core/Option.kt#L88

注3) URL https://github.com/Kotlin/KEEP/blob/master/proposals/stdlib/result.md

意図的にKotlinの言語機能であるNull許容型を意識する設計になっています。

たとえば、**リスト7**のようなコードはエラーになります。

リスト7 | Resultのコード①

```
fun findUserByName(name: String): Result<User>
fun foo(): Result<List<Int>>
fun foo(): Result<Int>?
var foo: Result<Int>
```

つまり、公開されたvarプロパティとして宣言すること、ジェネリクスにどんな型を指定したとしても、関数の返り値とすることはできないようになっています。

リスト8 | Resultのコード②

```
fun findIntResults(): List<Result<Int>> // Ok
fun receiveIntResult(result: Result<Int>) // Ok
private val first: Result<Int> = findIntResults().first()
private var foo: Result<Int>
```

また、**リスト8**のコードはエラーになりません。

上から順に、Listなどジェネリクスを持つクラスの型パラメーターに指定する、関数の引数にする、非公開のval/varプロパティとして宣言することです。これにより、使うドメイン内のみに閉じた実装を実現しようとしています。不用意にResult型を返すオブジェクトが存在すると、そのオブジェクトを使う側でエラーハンドリングを拡張せざるを得なくなることを避ける目的です。

Resultを使うオブジェクト内に問題を限定することでコンパクトな仕様にすることが可能になります。とはいえ、状況によっては処理の結果として「エラーであったらエラーの詳細」がほしい時もあるかと思います。

Eitherを使った実装

ArrowのEitherでは、成功時と失敗時の両方を表すことができます。

Eitherは、2つの値のどちらかが入るという抽象概念を型に変換したものです。たとえば、「Int」と「String」のどちらかが入るというEitherの場合は、**リスト9**のように記述します。

リスト9 | IntとStringのどちらかが入るEither

```
val either: Either<Int, String> = Either.right("right value")
```

leftとrightがあり、一般的には左側を異常値、右側を正常値として定義することが多いです。 正しい・合っているという意味の「Right」にかけられてこうなっています。HTTPリクエストの結果を代入する時などに使えるでしょう。

Optionと同じく、whenを使ったパターンマッチや、foldを利用できます(**リスト10**)。

Either、は「先頭」と「それ以外」を「処理に失敗しこれ以上計算しない値＝Left」と「処理に成功しまだ計算を続ける値＝Right」として表現しているのです。Optionなどと同じく、map/filterなど関数の実装がされています。

値の作り方は**リスト11**のようにします。どちらの値になるか分からない時はcondを使って、条件式とそれぞれの時の値を定義できます。関数の返り値を指定した実装に使えます。

Arrowの今後

OptionとEitherを通じて、関数型プログラミングの面白さの一端を感じていただけたでしょ

リスト10 | foldを使って可読性を上げたコード

```
fun main() {
    val errorOrValue: Either<Exception, String> = httpClient.execute(request)

    when (errorOrValue) {
        is Either.Right -> println(errorOrValue.b)
        is Either.Left -> throw errorOrValue.a
    }

    // or

    either.fold({ error ->
        throw error
    }, {
        println(it)
    })
}
```

リスト11 | Eitherの値の作り方

```
val right = Either.right("success")
val left = Either.left(IllegalArgumentException())
val either: Either<Throwable, String> = Either.cond(Random.nextInt() % 2 == 0,
    ifTrue = { "success" },
    ifFalse = { IllegalArgumentException() }
)
```

うか。RxJavaやRxKotlin、Coroutineなどを普段から使っている方にとっては簡単な話だったかもしれません。

この文脈でTryについても言及されることが多いですが、KotlinのSlack[注4]グループにある「arrow」チャンネルで、作者が今後Tryは非推奨になるだろうという話を匂わせていること、ResultのKEEPで語られているようなtry-catchの良し悪しなどもあるので、本稿では省略しました。

また、モナドの概念などを持ち込み、より遅延評価を意識したコードの記述や関数合成についても説明したいのですが、それだけで膨大な量になるのでこちらも省略しています。また、最新の安定版0.9.0以降からは、Arrow Fxというライブラリを追加しており、Kotlin Coroutinesの言語機能を活かしつつ、これまでのAPIから大きな変更を加えたものが推奨されていく流れもあるので、要チェックです。

最新情報は、公式ドキュメントやブログを参照する、メンテナーのPaco[注5]やRaul[注6]、Arrowの公式Twitterアカウント[注7]をフォローするのがおすすめです。また関数型プログラミングについてさらに知りたい場合は、「なぜ関数型プログラミングは重要か」[注8]がおすすめです。

注4) URL https://kotlinlang.slack.com/

注5) URL https://twitter.com/pacoworks

注6) URL https://twitter.com/raulraja

注7) URL https://twitter.com/arrow_kt

注8) URL http://www.sampou.org/haskell/article/whyfp.html

1.4 Kotlinで契約プログラミング入門

Kotlinの最新の言語機能Contractを使った契約プログラミングについて紹介します。本稿を執筆している時点でのKotlinの最新バージョンは1.3.61です。1.3でリリースされた機能は「Kotlin/Native」「Coroutine」「Multiplatform」などたくさんありますが、ここではKotlinの言語機能であるContractsに絞って紹介します。CoroutineとMultiplatformについては4章で紹介しています。

Contractsと契約プログラミング

スマートキャストとは

Contractsの説明をする前に、**スマートキャスト**についておさらいしておきましょう。

スマートキャストとは、型チェックとキャストを同時に行ってくれるKotlinの言語機能を指します。たとえばJavaの**リスト1**のコードでは、型チェックの後、スコープ内でキャストを行う必要があります。

このように型チェックの後に明示的にキャストをする必要があり、ここで何らかのミスでキャストに失敗する可能性があるため、危険なコードです。Kotlinではスマートキャストを使って、これをよりシンプルに記述できます(**リスト2**)。

また、Null許容型をNullチェックすることで、Null非許容型へのスマートキャストもできます(**リスト3**)。

ifのスコープ内でキャストしなくてもサブクラスの関数にアクセスできているので、キャストを間違えることもなくなります。スマートキャストのおさらいは以上です。Kotlinでは、isでの型チェックやNullチェックを使うとスコープ内で明示的にキャストが不要になる、くらいの理解で問題ないと思います。when式やwhile式でも有効です

ここまでは分かりやすいですが、**リスト4**のようにNullチェックを別の関数に切り出すとスマートキャストができません。

これは、isNotNullによってチェックした変数がどんな状態になっているのか、コンパ

リスト1 型チェックの後、スコープ内でキャストを行うJavaのコード

```
Drink drink = new Coffee();

if (drink instanceof Coffee) {
  Coffee coffee = (Coffee)drink;
  coffee.drip(); // Coffeeの特有のメソッド
}
```

リスト2 リスト1をKotlinのスマートキャストで記述したコード

```
val drink = Coffee()

if(drink is Coffee) {
  drink.drip()
}
```

リスト3 Null非許容型へのスマートキャスト

```
fun foo(s: String?) {
    if (s != null) s.length //?アクセスが不要
}
```

リスト4 | Nullチェックを別の関数に切り出したコード(スマートキャストができない)

```
fun String?.isNotNull(): Boolean = this != null

fun print(s: String?) {
    if (s.isNotNull()) println(s.length) // compile error
}
```

イラは知らないためです。人間は読めば分かりますが、コンパイラはコードを読んでいるわけではありません。

契約プログラミングとは

そこで、契約プログラミングの概念が出てきます。契約プログラミングとは、プログラミング言語Eiffel(図1)で導入されたプログラミングのパラダイムであり、以下の3つの条件を満たすようにプログラミングするものです。

- 事前条件：関数の呼び出し側が満たすべき条件
- 事後条件：関数が終了時に保証する条件
- 不変条件：オブジェクトが満たすべき条件とそれが変わらないこと

KotlinのContractsはその名前の通り、契約プログラミングを可能にするための言語機能です。@ExperimentalContractsアノテーションは、実験段階の機能を表すものです。今後の開発では大きく変更される可能性があるものだと思ってください。まずは実装を見てみましょう(リスト5)。

Null許容型のString変数sに対して、Nullでないことをチェックしたい時、標準の言語機能ではisNullOrEmpty関数を!判定すればいいですが、より読みやすくするためにisNotNullという独自の関数を作ることにしました。

isNotNull関数では、@ExperimentalContractsアノテーション、contractのDSLとreturnの後に続く関数自体の処理の3つで構成されています。この見慣れないcontract DSLはコンパイラがコンパイル時に読み取るのみで、実行時に評価されません。なので、

図1 | Eiffel公式サイト

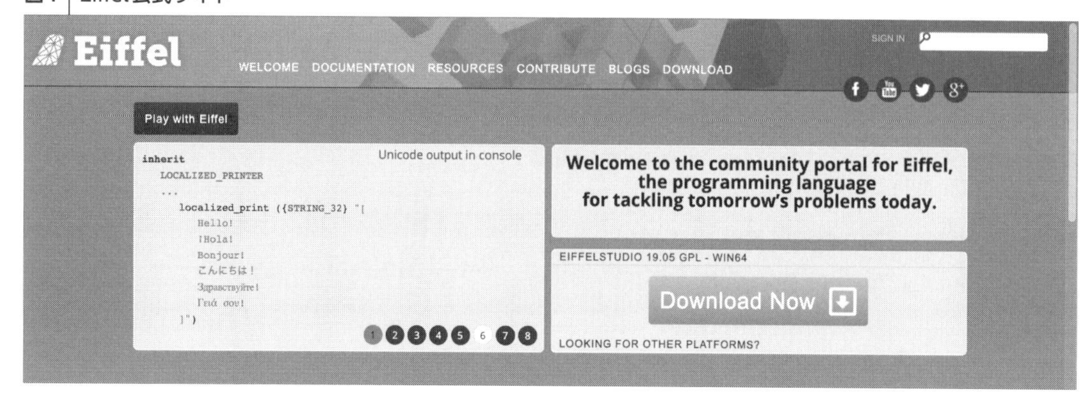

リスト5 | Contractsを使ったKotlinのコード

```
@ExperimentalContracts
fun main() {
    val s: String? = "sample"
    if (s.isNotNull()) {
        println(s.length)
    }
}

@ExperimentalContracts
fun String?.isNotNull(): Boolean {
    contract {
        returns(true) implies (this@isNotNull != null)
    }
    return this@isNotNull != null && this@isNotNull.isNotBlank()
}
```

リスト6 | contractコードの例

```
contract {
  // 返り値条件
  returns() implies (this@isNotNull != null)
  returns(true) implies (this@isNotNull != null)
  returnsNotNull() implies (this@isNotNull != null)
  // 呼び出し回数条件
  callInPlace(lambda, InvocationKind.EXACTLY_ONCE)
}
```

このcontract DSLは式ではありません。

デバッガで走らせてみるとcontract内には停止しないことが確認できます。このように、実装コードとはまったく関係ない部分で振る舞いを定義できることが契約プログラミングの良いところです。次に、このcontract DSLについて説明していきます。

Effectについて

リスト6のcontract DSLの中には、返り値の条件とその時関数が保証する状態を書く3つの式、関数の呼び出し回数を定義する1つの式があります。それらをKotlinではまとめてEffect(効果)と呼んでいるようです。詳細な仕様はこのKEEP[注1]で確認できます。

returns()

returns()は、定義した関数の処理が終わったら満たされている暗黙の条件を指定することができます。たとえば、Drinkクラスを継承したCoffeeクラスかどうかをチェックするisCoffee関数は**リスト7**のようになります。

returns(value: Any?)は、valueの部分にtrue、false、nullのいずれかを指定できます。これは、定義された関数が指定された値を返すならば満たされている、暗黙の条件を指定するものです。最初に紹介したNull許容型のStringがNullでも空でもないことをチェックするisNotNullOrEmpty関数の例(**リスト5**)は、これを利用しています。

注1) URL https://github.com/Kotlin/KEEP/blob/3490e847fe51aa6deb869654029a5a514638700e/proposals/kotlin-contracts.md#effects

リスト7 | isCoffee関数

```
@ExperimentalContracts
fun main() {
    val d : Drink = Coffee()
    if (d.isCoffee()) {
        d.drip() // compile ok
    }
}

@ExperimentalContracts
fun Drink.isCoffee(): Boolean {
    contract {
        returns(true) implies (this@isCoffee is Coffee)
    }
    return this@isCoffee is Coffee
}

open class Drink {
    fun drink() {
        println("gurgle")
    }
}

class Coffee : Drink() {
    fun drip() {
        println("plop")
    }
}
```

リスト8 | stringOrInt関数

```
@ExperimentalContracts
fun main() {
    val soi: Any? = "sample"
    if (stringOrInt(soi)) {
        println(soi.split(",")) // soi: String
    } else {
        print(soi.rangeTo(100)) // soi: Int
    }
}

@ExperimentalContracts
fun stringOrInt(value: Any?): Boolean {
    contract {
        returns() implies (value != null)
        returns(true) implies (value is String)
        returns(false) implies (value is Int)
    }
    return when (value) {
        is String -> true
        is Int -> false
        else -> throw IllegalArgumentException()
    }
}
```

リスト9 | returnsNotNull()を使ったchangeToLong関数

```
@ExperimentalContracts
fun main() {
    val i: Int? = 0
    if (changeToLong(i) != null) {
        println(i + 1L) // i is NonNull
    }
}

@ExperimentalContracts
fun changeToLong(value: Int?): Long? {
    contract {
        returnsNotNull() implies (value is Long)
    }
    return value?.toLong()
}
```

リスト10 | callInPlace()を使ったコード

```
@Test fun test() {
    val token : String?
    run {
        token = getToken()
    }
    println(token) // compile ok
}

// 以下は実際のrun関数
@kotlin.internal.InlineOnly
public inline fun <R> run(block: () -> R): R {
    contract {
        callsInPlace(block, InvocationKind.EXACTLY_ONCE)
    }
    return block()
}
```

応用することで、StringまたはIntの場合で処理を分けるstringOrInt関数などを定義できるのが、契約プログラミングの面白いところです(**リスト8**)。

リスト8のように、stringOrIntの結果がtrueならString、falseならIntであることを保証することで、if文内ではそれぞれのクラスにスマートキャストされています。

returnsNotNull()

returnsNotNull()は、定義した関数の結果がNullではない場合に満たされている条件を保証します。たとえば**リスト9**のように、IntをLong型に変換するchangeToLong関数を定義した場合、その結果をNullチェックし、trueならば以降はLong型の変数として扱われます。

callInPlace()

callInPlace()は、これを定義された関数が呼び出される回数を保証する条件です(**リスト10**)。これを定義された関数が引数に受け

表1 | InvocationKindの種類

InvocationKind	意味	varの初期化	valの初期化	returnの有無
AT_MOST_ONCE	1回だけ呼ばれるか、1回も呼ばれない	される	される	不要
AT_LEAST_ONCE	少なくとも1回呼ばれる	される	されない	不要
EXACTLY_ONCE	1回だけ呼ばれる	されない	されない	必要
UNKNOWN	何回呼ばれるか分からない(コンパイラのデフォルト値)	されない	されない	必要

表2 | stdlibに追加されたContractsの実装

概要	関数
引数のラムダ式がただ一度だけ評価されることを保証する関数	run, with, apply, also, let, takeIf, takeUnless
引数のラムダ式の評価回数は不定であることを保証する関数	repeat
引数に渡されたBoolean変数が以後はtrueであることを保証する関数	assertTrue, check, require
引数に渡されたBoolean変数が以後はfalseであることを保証する関数	assertFalse
引数に渡されたNullable変数が以後はNonNullであることを保証する関数	assertNotNull, checkNotNull, requireNotNull

取るラムダ式の評価回数が分かるので、コンパイラは、定義された関数の実行後の変数が安全に取り扱えるかどうか知ることができます。

`callsInPlace()`の第2引数には、`InvocationKind`という回数を定義したenumを受け取ります。それぞれの値と適用後の動作を**表1**にまとめました。

stdlibに追加されたContractsの実装

Contractsの実装は、標準ライブラリ`stdlib`にも追加されたので、これまでコンパイルエラーになっていた処理がコンパイル可能になりました(**表2**)。

これらの関数のクロージャやスコープ内ではそれぞれの状態が保証されているため、キャストが不要になります。とくにassert関連の関数はテストで有用です。テストも含めた公式のサンプル[注2]があるので、試してみてください。

1章のまとめ

まだ知らないプログラミング言語を触る時、書き方や表現の仕方など、分からないことがたくさんあると思います。こうした迷いはLinterを使ったり、言語の仕様を確認することである程度理解が進みます。

この章では、読者の皆さんが自分で調べて書き進めていけるように、Kotlinの言語仕様や、Kotlinを使って表現できる、別なプログラミングパラダイムの紹介をしてきました。Kotlinはいろいろな言語の仕様を参考にしつつ、独自の表現方法や良さを持っています。それらを理解して少しでも自分の書きたいコードを書けるようになれたら嬉しいです。

注2) URL https://github.com/JetBrains/kotlin/blob/8f209fa667de0af2b5ed8bc80c8868a1534300e9/libraries/stdlib/samples/test/samples/contracts/contracts.kt

仙波 拓 *Taku Semba*
Mail ▶ takusemba.ele@gmail.com
Twitter ▶ @takusemba
GitHub ▶ TakuSemba
Web ▶ https://takusemba.com

Androidアプリケーション開発におけるKotlin活用ノウハウ

Kotlinは Androidアプリ開発のサポート言語の1つとなっており、AndroidのAPIドキュメントやAndroid Studio、コードサンプルなどにおいて、Googleは積極的にKotlinでのAndroidアプリ開発をサポートしています。本章では、Kotlinを使ってAndroidアプリ開発を始めたい方に、環境構築からアプリを作る際のポイントやテクニックを具体的なコードを示しながら説明します。また、読者の中にはすでにJavaでAndroidアプリ開発を行っている場合もあると思いますが、Kotlinに置き換える際のやり方や気をつける点についても解説します。

2.1 環境構築とGradleの設定を行う

ここでは、まずKotlinがAndroidアプリ開発言語として採用されるようになった経緯や、GoogleがKotlinに対してどのようなサポートを行っているのかを解説します。また、KotlinでAndroidアプリ開発を始めるためのプロジェクトの作成手順や必要なGradleの設定方法、チーム開発を行う上でKotlinのコードスタイルをどのように共有するかなどを説明します。

KotlinとAndroidの関係性

2017年5月に行われたGoogle I/Oでは、GoogleがAndroidアプリ開発にあたってKotlinを第一級言語の1つに選定したことをきっかけに、KotlinでAndroidアプリ開発をするためのサポートがなされるようになりました。既存のJavaやC/C++のサポートがなくなったわけではありませんが、これをきっかけに開発者の間でAndroidアプリ開発言語としてKotlinが採用されるようになりました。

表1 Kotlinファーストの定義

	Java	Kotlin
Platform SDK Support	YES	YES
Android Studio Support	YES	YES
Lint	YES	YES
Guided docs support	YES	YES
API docs support	YES	YES
AndroidX support	YES	YES
AndroidX Kotlin-specific API (e.g. KTX, coroutine)	N/A	YES
Online training	Best effort	YES
Samples	Best effort	YES
Multi-platform Projects	NO	YES
Jetpack Compose	NO	YES

Googleによると2019年5月現在、Androidアプリ開発者の50%以上がKotlinを利用しているとのことです。2019年5月のGoogle I/Oで、Googleは「Kotlinファースト」を掲げ、ツールやドキュメント、サンプルコードなどにおいて、今後Kotlinのサポートをより優先的に強化していくことを発表しました(**表1**)。それに伴って、Googleは新しくAndroidアプリ開発を始めるのであれば、Kotlinを使用することをおすすめしています。

Android Studioのインストール

Androidアプリ開発を始めるには、まず**Android Studio**をインストールする必要があります。Android StudioはAndroidアプリ開発用の公式な統合開発環境(IDE)で、Androidアプリ作成に関するさまざまな機能が追加されています。単にKotlinのプロジェクトをビルドできるだけでなく、「Convert to Kotlin」や「Show Kotlin Bytecode」などのKotlinに関する機能も存在しており、Kotlinでの開発効率を向上させるためのサポートが十分になされて問題なく開発を進めることができます。

現在、バージョン3.5.3が安定版として公開されており、公式サイト[注1]からダウンロードできます。どのバージョンで何が追加されたかを確認したい場合には、リリースノート[注2]から確認しましょう。

安定版ではなくAndroid Studioの次期バージョンをいち早く入手したい場合は、既存の安定バージョンを置き換えることなくプレビュー版を利用できます。プレビュー版を同時にインストールできるようにすることで、気軽にプレビュー版の機能を試せます。

プレビュー版のインストール方法や概要に関しては、公式サイト[注3]から確認するのが良いでしょう。

図1 Kotlinプラグインのインストール

Kotlinプラグインのインストール

Android StudioでKotlinを利用するためには、JetBrains社が提供しているKotlinプラグインが必要です。古いAndroid Studioのバージョンでなければすでにインストールされていますが、されていない場合は以下の手順でインストールしましょう。

まずAndroid Studioを立ち上げ、[Preferences]→[Plugin]からプラグインインストール画面を立ち上げます。検索窓に「Kotlin」と入力することでプラグインが見つかるので、そこからインストールし、Android Studioを再起動してプラグインを適用してください。[Disable]になっている場合には[Enable]にし(図1)、[Apply]ボタンから適用しましょう。これでAndroid StudioでKotlinを利用することが可能になります。

プロジェクトの作成

Android Studioがインストールできたら、さっそくAndroidプロジェクトを作成してみましょう。「Start a new Android Studio project」を選択すると新規プロジェクトを作成できます。

次にベースとなるプロジェクトを選択します。一般的なAndroidアプリ開発であれば「Phone and Tablet」から自分に合った画面を選択するのが良いでしょう。

Languageを選択する箇所がありますが、「Kotlin」を選択しましょう。Kotlinを選択することによって、IDE側で自動的にGradleなどでKotlinが使えるような初期設定を施してくれます。これでベースとなるプロジェクトが作成され、開発を進められます。

注1) URL https://developer.android.com/studio
注2) URL https://developer.android.com/studio/releases
注3) URL https://developer.android.com/studio/preview/install-preview

リスト1 | kotlin-gradle-pluginの追加

```
buildscript {
    repositories {
        google()
        jcenter()

    }
    dependencies {
        (省略)
        classpath "org.jetbrains.kotlin:kotlin-gradle-plugin:1.3.61"
    }
}
```

Gradleの設定

Androidアプリ開発でKotlinを利用するために最低限必要なことは、**kotlin-gradle-plugin**のセットアップと適用、**kotlin-stdlib**の依存の追加です。

kotlin-gradle-pluginのセットアップと適用

Kotlinで書かれたプロジェクトをGradleでビルドするために、kotlin-gradle-pluginを設定する必要があります。トップレベル配下のbuild.gradleに`kotlin-gradle-plugin`が追加され(**リスト1**)、app配下のbuild.gradleには`kotlin-android`が適用されていると思います(**リスト2**)。

リスト2 | kotlin-androidの適用

```
apply plugin: 'kotlin-android'
```

既存のプロジェクトにKotlinの設定を行いたい場合には、[Tools]→[Kotlin]→[Configure Kotlin in Project]からIDEに自動で設定してもらうのも良いでしょう。

kotlin-stdlibの依存の追加

kotlin-stdlibはKotlinの標準ライブラリで、さまざまなユーティリティ関数やコレクション関数などが梱包されています。基本的にKotlinで開発する場合には必須になり、Android Studioのプロジェクト作成時に開発言語として「Kotlin」を選択していれば、`kotlin-stdlib`が自動的に追加されていると思います(**リスト3**)。

Kotlinの標準ライブラリには、**stdlib**、**stdlib-jdk7**、**stdlib-jdk8**の3種類が用意されています。

stdlibは基本となるKotlinの標準ライブラリで、stdlib-jdk7、stdlib-jdk8は、それぞれJava 7、Java 8に依存するメソッドなどが追加されているstdlibの拡張ライブラリです。stdlib-jdk7にはJava 7の**AutoCloseable**に関する拡張関数、stdlib-jdk8にはJava 8の**Stream**に関する拡張関数などが追加されています。詳しく見てみたい方は、ソースコード[注4]から確認するのが良いでしょう。

とくに使用したい関数などがなければ、stdlibだけを使用しても問題ありません。

注4) URL https://github.com/JetBrains/kotlin/tree/master/libraries/stdlib

リスト3 | kotlin-stdlibの追加

```
dependencies {
    (省略)
    implementation "org.jetbrains.kotlin:kotlin-stdlib:1.3.61"
}
```

リスト4 | アノテーションプロセッシングを使った依存の追加

```
apply plugin:  kotlin-kapt

dependencies {
    (省略)
    implementation "androidx.lifecycle:lifecycle-runtime:2.0.0"
    kapt "androidx.lifecycle:lifecycle-compiler:2.0.0"
}
```

アノテーションプロセッシングを使用する

Androidアプリ開発では、DaggerやLifecycleのようなアノテーションプロセッシングに依存したライブラリを使用する場合があります。それらのライブラリをプロジェクトで使用するには、Kotlinのアノテーションプロセッシングを有効にする必要があります。

まずは`apply plugin: kotlin-kapt`でプラグインを追加し、プロセッサーの依存追加時には`kapt`で指定します(**リスト4**)。

Code Styleの設定

Kotlinは自由で表現豊かな言語ですが、Code Styleで記述を統一することで、より可読性を向上させられます。

まずは、公式にKotlinのコーディング規約[注5]が定められているため、それをCode Styleとして設定する方法について解説します。

公式のコーディング規約の適用は[Preferences]→[Editor]→[Code Style]→[Kotlin]から行います。そこからSchemeを「Project」に切り替え、「Set from...」から[Predefined Style]→[Kotlin StyleGuide]を選択します。プロジェクトのメンバーに、これらのスタイルを共有するには.idea/CodeStyleをコミット対象にすることで可能になります。

もしくは、Kotlin 1.3以降であれば、新しくプロジェクトを作成した時点で、プロジェクト配下のgradle.propertiesに`kotlin.code.style=official`が追加されます。このオプションが指定されると、先程の設定が自動で行われることになるので、`kotlin.code.style`を`official`にした状態でgradle.propertiesをコミット対象にすることでも、チームで公式のスタイルに統一できます。

もし、以前から開発しているプロジェクトで公式とは別のCode Styleを使用したい場合には、`kotlin.code.style`を指定せずに、独自のCode StyleファイルをGitで共有し適用しましょう。

注5) URL https://kotlinlang.org/docs/reference/coding-conventions.html

2.2 JavaからKotlinへ変換の基本とポイント

Kotlinには Javaには存在しない便利な言語機能が多く存在しています。ここでは、Kotlinの言語機能を活かしながら既存のJavaで書かれたプロジェクトをKotlinのコードに変換する際のポイントやテクニック、気を付けるべき点などを紹介します。また、Kotlinの言語機能を実際にAndroidアプリ開発で活かす方法なども、コード例やユースケースを示しながら解説していきます。

Android Studioを使った変換方法

Android Studio(または、JetBrains社が開発しているIDE)には、Javaで書かれたプロジェクトを効率良くKotlin化するために、JavaのコードをKotlinに変換してくれる機能が備わっています。Javaで書かれたファイルを開き、[Code]→[Convert Java File to Kotlin File]とすることで、自動的にJavaコードをKotlinコードに変換します(図1)。また、JavaコードをKotlinファイル上にコピー&ペーストするだけでも、Android Studioが自動的にKotlin化してくれます。

図1 Convert Java File to Kotlin Fileから変換

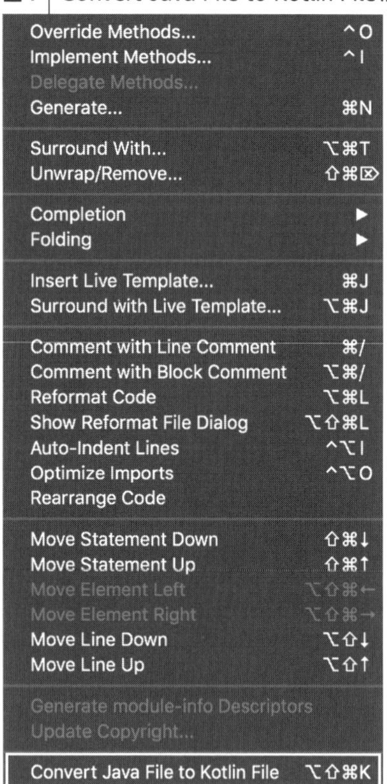

Android Studioによって変換されたKotlinコードは、常に最適な形で変換されたコードというわけではありませんが、Kotlinへの置き換えを始めるにあたって大いに役立ちます。以降では、よりKotlinらしいコードを書くためのポイントを、実用例を元に説明していきます。

Null許容型とNull非許容型を区別する

Javaでは、全ての値は**Null許容型(Nullable)**として表現されますが、Kotlinはすべての値に対してNull許容型(Nullable)と**Null非許容型(NonNull)**の区別を行います。このように、Null許容性を明確にすることで、実行時に起こりうるNullPointerExceptionなどのエラー

リスト1 Javaのコード

```
public class News {

    @NonNull private final String title;

    @Nullable private final String thumbnail;

    public News(@NonNull String title, @Nullable String thumbnail){
        this.title = title;
        this.thumbnail = thumbnail;
    }

    public @NonNull String getTitle(){
        return title;
    }

    public @Nullable String getThumbnail(){
        return thumbnail;
    }
}
```

リスト2 変換されたKotlinのコード

```
class News(val title: String, val thumbnail: String?)
```

リスト3 Javaで定義されたクラス

```
public class News {

    private final String title;

    public News(String title) {
        this.title = title;
    }

    public String getTitle() {
        return title;
    }
}
```

をコンパイル時に回避できます。

Android Studioで変換を行った際には、@Nullableアノテーションがついているものは Null許容型に、@NonNullアノテーションがついているものはNull非許容型に変換されます。しかしながら、いずれのアノテーションも付与されていないものは基本的にNull許容型として解釈されてしまうため、必要に応じてNull非許容型に変換していく必要があります(**リスト1、リスト2**)。

リスト4 Kotlinコードから Javaクラスの値を取得

```
fun showNews(news: News) {
    val title = news.title
    textView.text = title.toUpperCase()
}
```

Platform型を避ける

Platform型とは、コンパイラがある値についてNull許容性の情報を持っていない型です。実行時の例外を誘発するため、Platform型は避けることが推奨されています。

具体的なコード例を**リスト3、リスト4**に示します。

showNewsのnews.titleはNull許容型でしょうか、それともNull非許容型でしょうか。この場合、news.titleの返却値の型はJava

リスト5 | 単一抽象メソッドを持つAndroid APIの例

```
public interface OnClickListener {
    boolean onContextClick(View v);
}

public void setOnClickListener(@Nullable OnClickListener l) {
    (省略)
}
```

のStringとして定義されており、コンパイラはNull許容性を判断できないため、Platform型として扱います。

仮にnews.titleがNullを返却する場合には、コンパイルは問題なく通りますが、toUpperCase()がレシーバーとしてNull非許容型のStringを要求するため、実行時にIllegalStateExceptionが発生します。

この問題を回避するためには、まずJavaコード側で返却される値がNullになりえるかを注意深く考える必要があります。@Nullable、@NonNullアノテーションの付与やJavadocを確認し、Kotlinの呼び出し側では、変数に対して明示的にNull許容型／Null非許容型を宣言するように心がけましょう。

Javaから返却される値をすべてNull許容型として扱えば良いと思うかもしれませんが、そのような設計にすると多くの箇所で?や!!のような冗長なNullチェックを強いることになります。そのためKotlinでは、Javaからもたらされる値に対するNull許容性の判断を開発者に委ねています。

SAM変換でシンプルに

Javaの関数型インタフェースをKotlinで使用する場合には、**SAM変換**を利用することができます[注1]。SAM変換とは単一抽象メソッドを持つJavaのインタフェースをKotlinのラムダに変換する機能で、より簡潔にKotlinらしく記述できます。

この単一抽象メソッドを持つJavaのインタフェースは**関数型インタフェース**と呼ばれ、Android APIにはこの関数型インタフェースが多く存在します。

たとえば、AndroidのViewに対してClickListenerをセットする場合には、SAM変換が使用できます(**リスト5**、**リスト6**)。このように簡潔にラムダで記述できるのは、ClickListenerが関数型インタフェースであるためです。

リスト6 | OnClickListenerに対するSAM変換

```
textView.setOnClickListener { view ->
    (省略)
}
```

また、Kotlinではラムダがその呼び出しに唯一の引数である場合、括弧を省略できます。もしくは、ラムダが末尾引数の場合には、ラムダを括弧の外に出すことができます。

lateinitの使い所

Kotlinは Null許容性を区別しますが、

注1) Kotlin 1.4からKotlinの関数型インタフェースに対してもSAM変換できるようになる予定です。

リスト7 | 遅延初期化プロパティの使用例①

```
@Inject lateinit var mainRepository: MainRepository

fun onCreate(savedInstanceState: Bundle?) {
    component.inject(this)
    (省略)
}
```

リスト8 | 遅延初期化プロパティの使用例②

```
@RunWith(JUnit4::class)
class MainViewModelTest {

    @MockK private lateinit var mainRepository: MainRepository

    @Before
    fun setup() {
        MockKAnnotations.init(this)
    }

    @Test
    fun checkLoadState() {
        every { mainRepository.load() } just Runs
        (省略)
    }
}
```

Androidではよく、プロパティをNull非許容型として定義しつつ初期化を遅延したい場合があります。そのような場合には、**遅延初期化プロパティ**が使用できます。

たとえば、依存注入フレームワークであるDagger[注2]を使用する場合に、Activity内の特定のプロパティに対して、onCreate内であるオブジェクトを挿入したい場合などが当てはまります。

プロパティをNull許容型として扱いNullで初期化してしまうと、プロパティ使用時にはNullでない場合でも?や!!を多用することになりますし、Activityコンストラクタに任意の引数を受け取るには、`AppComponentFactory`がAPIレベル28以上を要求しているため、OSがAndroid 9.0以上である必要があります。しかし、`lateinit`を使用することで、この問題をシンプルに解決できます(**リスト7**)。

`val`プロパティは`final`フィールドにコンパイルされるため、`var`として定義する必要がありますが、`lateinit`でプロパティをNull非許容型として宣言できています。

また、この遅延初期化プロパティは、テストの`@Before`関数内などでプロパティの初期化が保証される際などにも活用できます。`@Before`関数内でmockオブジェクトが挿入されることが保証されるため、`@Test`内ではNull非許容型として`mainRepository`を扱えます(**リスト8**)。

注2) URL https://github.com/google/dagger

リスト9 | 委譲プロパティの機能

```
class NewsTitle {

    var title = ""

    operator fun getValue(thisRef: Any?, property: KProperty<*>): String {
        return if (title.isEmpty()) "Unknown" else title.toUpperCase()
    }

    operator fun setValue(thisRef: Any?, property: KProperty<*>, value: String) {
        title = value
    }
}

var title: String by NewsTitle()

Log.d("TAG", "title: $title")
title = "kotlin is awesome"
Log.d("TAG", "title: $title")
```

リスト10 | lazyの使用例

```
class MainActivity : AppCompatActivity() {

    private val binding: ActivityMainBinding by lazy {
        DataBindingUtil.setContentView<ActivityMainBinding>(this, R.layout.activity_main)
    }
}
```

委譲プロパティでKotlinらしいコードに

委譲プロパティとは、プロパティのアクセスロジックを別のオブジェクト(委譲オブジェクト)に委譲できる機能です。委譲オブジェクトは`getValue()`と、varの場合には追加で`setValue()`が定義されている必要があります。

具体的な例は**リスト9**の通りです。このように、titleプロパティへの読み書きを、それぞれ委譲オブジェクトである`NewsTitle`の`getValue`、`setValue`に委譲できます(**図2**)。

また、自分で委譲オブジェクトを用意せずとも、Kotlinの標準ライブラリ内でいくつかの有用な委譲オブジェクトのファクトリメソッドが提供されています。その1つにlazyがあります。`by lazy {}`とすることで、値取得時に渡されたラムダが実行され、値取得の評価が遅延されます。評価された値は保持され、以降の値取得時には保持された値が返却されます。

たとえば、レイアウト内のViewとデータオブジェクトをバインドする際にDataBindingライブラリ[注3]が使用されますが、Bindingオブジェクトを Activity内で生成する際にlazyが使用できます(**リスト10**)。

Activity生成時にはViewが生成されていな

図2 | リスト9の実行結果

```
D/TAG: title: Unknown
D/TAG: title: KOTLIN IS AWESOME
```

注3) URL https://developer.android.com/topic/libraries/data-binding

リスト11 | LazyThreadSafetyMode.NONEの指定

```
class MainActivity : AppCompatActivity() {

    private val binding: ActivityMainBinding by lazy(LazyThreadSafetyMode.NONE) {
        DataBindingUtil.setContentView<ActivityMainBinding>(this, R.layout.activity_main)
    }
}
```

リスト12 | 分解宣言の例

```
class User(val name: String, val age: Int) {

    operator fun component1(): String = name

    operator fun component2(): Int = age
}

val (name, age) = user
```

リスト13 | Pairに対する分解宣言の使用例

```
val pairs = listOf(1 to "kotlin", 2 to "java")
pairs.forEach { (id, language) -> }
```

いため、Bindingオブジェクトが生成できませんが、onCreate()以降で遅延評価することで、Null非許容型で再代入不可なBindingオブジェクトを保持できます。Fragmentでは同一インスタンスでViewが再生成される可能性があるため、by lazy {}でBindingオブジェクトを生成するのは避けたほうが良いでしょう。

また、by lazy {}はデフォルトで、複数スレッドからアクセスされることを考慮したロック処理が実装されています。単一のスレッドからしかアクセスされないことが保証できる場合には、LazyThreadSafetyMode.NONEを指定してロック処理のオーバーヘッドを削減することもできます(**リスト11**)。

分解宣言で分かりやすく

いくつかのクラスでは、componentNという関数が定義されている場合があります。これは、**分解宣言**に利用できます(**リスト12**)。分解宣言とは、1つの複合された値を複数の変数に分解して宣言する機能です。

たとえば、Pairには内部でComponent実装がなされているため、分解宣言が利用できます(**リスト13**)。

Javaであれば、pair.first、pair.secondのようにアクセスしなければなりませんが、分解宣言を利用することで明示的に分解された変数を宣言できます。Dataクラスとして宣言することでも自動でComponent実装がなされるため、実際に分解宣言を使用したい場合にはDataクラスを利用するのが良いでしょう。

また、拡張関数としてComponentを定義することが可能なため、Androidフレームワークのクラスなどに対しても分解宣言を利用できます(**リスト14**)。

リスト14 | 拡張関数を使ったComponentN実装

```
operator fun Point.component1() = x
operator fun Point.component2() = y

val (x, y) = point
```

@Parcelizeを使う

Androidでは、オブジェクトをActivity間で受け渡す際に、Parcelableインタフェースを実装し、オブジェクトをシリアライズする場合があります。しかし、Parcelableインタフェースは実装に手間がかかるため、Javaで実装する際には多くのコードを追加する必要があります(リスト15)。

これをKotlinの@Parcelizeアノテーションを使うことでシンプルに記述できます。

@Parcelizeはkotlin-android-extensionsの機能[注4]の1つで、1.3.40から安定版として提供された機能です。使用するには、build.gradleでプラグインを適用しましょう(リスト16)[注5]。

Parcelizeを実装したいクラスに対して@Parcelizeを付与することで、Parcelable実装がビルド時に自動で生成されます(リスト17)。

注4) URL https://kotlinlang.org/docs/tutorials/android-plugin.html

注5) 追加でexperimental フラグをオンにする必要がありましたが、1.3.60 からフラグの指定が不要になりました。

リスト15 | Parcelableインタフェースの実装(Java)

```
public class User implements Parcelable {

    (省略)
    @Override
    public int describeContents() { 省略 }

    @Override
    public void writeToParcel(Parcel dest, int i) { 省略 }

    protected User(Parcel in) { 省略 }

    public static final Creator<User> CREATOR = new Creator<User>() {
      @Override
      public User createFromParcel(Parcel in) {
          return new User(in);
      }
      @Override
      public User[] newArray(int size) {
          return new User[size];
      }
    };
}
```

リスト16 | kotlin-android-extensionsの適用

```
apply plugin: 'kotlin-android-extensions'
```

リスト17 | @Parcelizeアノテーションの付与

```
@Parcelize
class User(val name: String): Parcelable
```

2.3 JavaとKotlinを比べて学ぶ Androidでよくあるコードの実装技術

プロジェクトによっては、JavaのコードとKotlinのコードを共存させる必要があったり、Javaのコードで書かれたライブラリを使用したり、もしくはJavaのコードから使用されることを考慮してKotlinのコードを記述する場合があります。ここでは、KotlinがどのようにしてJavaとの相互運用性を実現しているのかを、バイトコードやバイトコードから変換されたJavaのコードをもとに解説していきます。

バイトコードを確認する

Android Studio(または、JetBrains社が開発しているIDE)にはKotlinコードがどのようなバイトコードに変換されるかを確認するために、Show Kotlin Bytecodeという機能が存在します。変換されたバイトコードをJavaに変換する機能もついており、この機能を使用することによってJavaにない言語機能がどのように実現されているのかや、KotlinとJavaがどのように共存しているのかを知ることができます。

さっそく、[Tools]→[Kotlin]→[Show Kotlin Bytecode]からバイトコードに変換してみましょう(図1)。

では、この機能を使ってKotlinのconst修飾子がどのような意味を持つのかを、バイトコードやJavaコードから確認します。

たとえば、リスト1のようなKotlinコードであれば、リスト2のようなバイトコードに変換されます。また、このコードをデコンパイル(decompile)することで、バイトコードからJavaコードに変換できます(リスト3)。

このJavaコードを見てみると、AとBの定数がstatic finalで定義されていることが確認できます。一方、const修飾子を付与した定数はpublicとして定義され、const修飾子を付与していない定数はprivateとして定義しつつ、CompanionオブジェクトからgetB()を使ってアクセスできるようになっています。このことから、Companionオブジェクト内で定義された定数はstatic finalとして表現されますが、const修飾子を付与することで直接定数にアクセスできるようになり

図1 バイトコードに変換

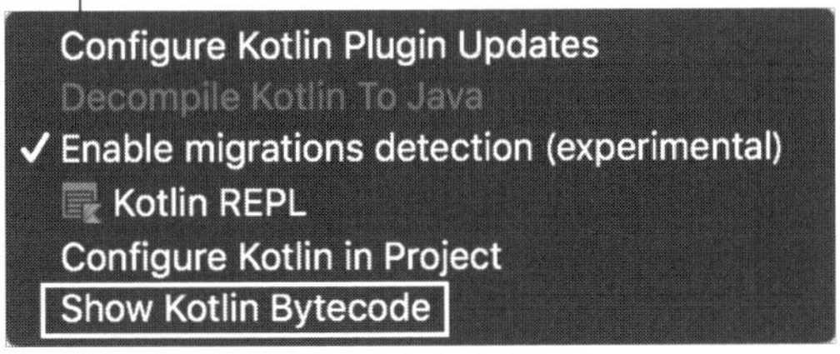

Configure Kotlin Plugin Updates
Decompile Kotlin To Java
✓ Enable migrations detection (experimental)
Kotlin REPL
Configure Kotlin in Project
Show Kotlin Bytecode

リスト1 Kotlinのコード

```
class Test {
    companion object {
        const val A: String = "a"
        val B: String = "b"
    }
}
```

リスト2 | リスト1から変換されたバイトコード

```
// ================com/example/kotlinsampleapp/Test.class ==================
// class version 50.0 (50)
// access flags 0x31
public final class com/example/kotlinsampleapp/Test {


  // access flags 0x1
  public <init>()V
   L0
    LINENUMBER 3 L0
    ALOAD 0
    INVOKESPECIAL java/lang/Object.<init> ()V
    RETURN
   L1
    LOCALVARIABLE this Lcom/example/kotlinsampleapp/Test; L0 L1 0
    MAXSTACK = 1
    MAXLOCALS = 1

  // access flags 0x19
  public final static Ljava/lang/String; A = "a"
  @Lorg/jetbrains/annotations/NotNull;() // invisible

  // access flags 0x1A
  private final static Ljava/lang/String; B = "b"
  @Lorg/jetbrains/annotations/NotNull;() // invisible
  (省略)
```

リスト3 | リスト2から変換されたJavaのコード

```
public final class Test {
    @NotNull
    public static final String A = "a";
    @NotNull
    private static final String B = "b";
    public static final Test.Companion Companion = new Test.Companion((Default ⏎
ConstructorMarker)null);

    public static final class Companion {
        @NotNull
        public final String getB() {
            return Test.B;
        }

        private Companion() {
        }

        // $FF: synthetic method
        public Companion(DefaultConstructorMarker $constructor_marker) {
            this();
        }
    }
}
```

ます。

Androidは、1つのDexファイルに65536個より多くのメソッドを含められませんが、constの付与はメソッド数の削減にも繋がります。

このように、バイトコード変換やデコンパイルを行うことで、Kotlinの言語機能がどのように働いているのかを知ることができます。

JVMアノテーション

JavaコードとKotlinコードの相互運用性を担保するための機能の1つとして、**JVMアノテーション**があります。いくつかのJVMアノテーションについて、どのように機能するかを確認し、Androidのアプリ開発でどのように活用できるかを解説します。

@JvmStatic

クラス内のフィールドや関数に対してオブジェクト宣言を行う場合にはCompanionオブジェクトが使用できますが、Companionオブジェクト内に定義したコードをJavaから呼び出そうとすると、Companionオブジェクトをまたいでアクセスすることになります。しかし、

リスト4 @JvmStaticアノテーションの使用例

```
class Test {

    companion object {

        fun getA() = "a"

        @JvmStatic fun getB() = "b"
    }
}

// Kotlin
Test.getA()
Test.getB()

// Java
Test.Companion.getA()
Test.getB()
```

@JvmStaticアノテーションを付与することで、Kotlinと同じような形でアクセスできるようになります(**リスト4**)。

では、実際に@JvmStaticは何をしているのでしょうか。

@JvmStaticを付与した場合のバイトコードには、**リスト5**のコードが追加されています。このバイトコードの部分をJavaコードに変換すると、**リスト6**のように、Companion.getB()を返却するgetB()というメソッドが追加されています。つまり、@JvmStaticを付与することで、Companionを省略できるよう

リスト5 @JvmStaticによって追加されたバイトコード

```
// access flags 0x19
  public final static getB()Ljava/lang/String;
  @Lkotlin/jvm/JvmStatic;()
  @Lorg/jetbrains/annotations/NotNull;() // invisible
   L0
    GETSTATIC com/example/kotlinsampleapp/Test.Companion : Lcom/example/ ↵
kotlinsampleapp/Test$Companion;
    INVOKEVIRTUAL com/example/kotlinsampleapp/Test$Companion.getB ()Ljava/lang/String;
    ARETURN
   L1
    MAXSTACK = 1
    MAXLOCALS = 0
```

リスト6 | リスト5から変換されたJavaのコード

```
@JvmStatic
@NotNull
public static final String getB() {
    return Companion.getB();
}
```

なヘルパーメソッドが追加されるのです。

このように、Javaとの相互運用性をサポートしてくれるのがJVMアノテーションです。

@JvmField

Kotlinで定義されたプロパティは、Javaから呼び出そうとするとSetter／Getterを介してアクセスするようになります。KotlinのプロパティをFieldとして扱えるようにするのがこの`@JvmField`です(**リスト7**)。

デコンパイルされたJavaコードを確認すると、`@JvmField`を付与することで、プロパティに対するSetter／Getterを生成せずにプロパティを直接公開するようにしていることが分かります(**リスト8**)。

リスト7 | @JvmFieldの機能

```
class Test {

    val a = "a"

    @JvmField val b = "b"
}

// Kotlin
val test = Test()
test.a
test.b

// Java
Test test = new Test()
test.getA()
test.b
```

リスト8 | リスト7から変換されたJavaのコード

```
public final class Test {
    @NotNull
    private final String a = "a";
    @JvmField
    @NotNull
    public final String b = "b";

    @NotNull
    public final String getA() {
        return this.a;
    }
}
```

@JvmOverloads

Kotlinには**Default引数**という機能があり、メソッドの引数に対してデフォルトの値を設定できます。この言語機能はJavaには存在していませんが、`@JvmOverloads`を付与することで、デフォルトの引数が適用されるようなオーバーロードメソッドを追加してくれます(**リスト9**)。

`@JvmOverloads`が付与された関数をJava

リスト9 | @JvmOverloadsの機能

```
class Test {
    @JvmOverloads
    fun doSomething(a: String = "a") {
      (省略)
    }
}
// Java
Test test = new Test()
test.doSomething()
test.doSomething("A")
```

リスト10｜リスト9から変換されたJavaのコード

```
@JvmOverloads
public final void doSomething(@NotNull String a) {
    (省略)
}

@JvmOverloads
public final void doSomething() {
    (省略)
}
```

リスト11｜@JvmOverloadsの使用例

```
class CustomView @JvmOverloads constructor(
    context: Context,
    attrs: AttributeSet? = null,
    defStyleAttr: Int = 0
) : View(context, attrs, defStyleAttr) {
    (省略)
}
```

にデコンパイルしてみると、同じ関数名のメソッドがいくつか追加されているのが分かります(**リスト10**)。

たとえば、AndroidのView.javaでは、ViewのAttributeやStyleを任意の引数とするために複数のコンストラクタを定義しています。そのため、CustomViewなどを定義する際に、この@JvmOverloadsを使用することで、冗長なコンストラクタ定義を回避できます(**リスト11**)。

inline修飾子

Kotlinではラムダを扱えますが、ラムダ内部でいくつかの変数がキャプチャされると、すべての呼び出しで毎回ラムダの無名オブジェクトが生成されます。これは、実行時のオーバーヘッドに繋がりますが、inline修飾子をつけることでラムダの中身が呼び出し元に展開されるため、オーバーヘッドの問題を避けられます。

リスト12｜インライン関数の定義

```
fun main() {
    runAction { Log.d("TAG", "hello") }
}

inline fun runAction(action: () -> Unit) {
    Log.d("TAG", "start action")
    action()
    Log.d("TAG", "end action")
}
```

インライン関数

Kotlinの関数に対して、inline修飾子を付与できます。バイトコードをデコンパイルしたJavaコードから、どのようにインライン関数が機能するのかを確認してみます(**リスト12、リスト13**)。

デコンパイルで生成されたJavaコードで確認すると、main()ではrunActionを呼ばずに、関数の中身の処理がそのまま呼び出し元に展開されていることが分かります。このように、inline修飾子を付与することでラムダ生成のオーバーヘッドを削減しています。

runActionは依然として定義されていますが、JavaからKotlinのインライン関数を呼び出した場合には、このインライン関数が直接呼び出されることになります。そのため、Javaからインライン関数を呼び出した場合に

リスト13 | リスト12から変換されたJavaのコード

```
public static final void main() {
    int $i$f$runAction = false;
    Log.d("TAG", "start action");
    int var1 = false;
    Log.d("TAG", "hello");
    Log.d("TAG", "end action");
}

// $FF: synthetic method
    public static void main(String[] var0) {
        main();
}

public static final void runAction(@NotNull Function0 action) {
    int $i$f$runAction = 0;
    Intrinsics.checkParameterIsNotNull(action, "action");
    Log.d("TAG", "start action");
    action.invoke();
    Log.d("TAG", "end action");
}
```

はインライン化はされないことに注意してください。仮にインライン関数がKotlinからのみ呼び出されている場合には、インライン関数の定義は不要になるため、ProguardやR8といった最適化が実行されるタイミングでメソッドが削除されます。

Androidアプリ開発における関数のインライン化

inline修飾子を付与することでラムダ生成のコストを削減できますが、関数のインライン化はメリットばかりではなくコストも存在します。

関数の中身が呼び出し元に展開されるため、関数の中身のサイズが大きい場合には、その分バイトコードのサイズが大きくなります。Androidアプリ開発では、アプリのサイズを削減することはユーザーにとって大きなメリットがあります。そのため、インライン化しようとしている関数の中身が非常に大きい場合には、ラムダ引数とは関係のない処理を別の非インライン関数に切り出すのが良いでしょう。

reified修飾子

インライン化された関数に対して、reified修飾子を付与できます(リスト14)。reifiedは、具象化された型パラメータへのアクセスを可能にする修飾子で、型Tへのキャストや、T::classとして型情報へのアクセスが可能になります。これは、インライン展開されることによって実現されているため、Javaからreified関数を呼び出そうとするとエラーになります。どうしてもJavaから呼び出したい場合には、Class型を引数に取る必要があります(リスト15)。

インラインクラス

関数に対するinline修飾子の付与を見てきましたが、Kotlin 1.3からinline修飾子をク

リスト14 │ reified修飾子の使用例

```
inline fun <reified T : Any> get(key: String, default: T): T {
    return when (default) {
        is String -> prefs.getString(key, default) as T
        is Int -> prefs.getInt(key, default) as T
        is Float -> prefs.getFloat(key, default) as T
        is Long -> prefs.getLong(key, default) as T
        is Boolean -> prefs.getBoolean(key, default) as T
        else -> throw IllegalStateException("not supported type ${T::class.java.simpleName}")
    }
}

val foo = get("key", "default") // return as String
val bar = get("key", 0L) // return as Long
```

リスト15 │ Class型を引数に取る場合

```
fun <T> get(clazz: Class<T>, key: String, default: T): T {
    return when (default) {
        is String -> prefs.getString(key, default) as T
        is Int -> prefs.getInt(key, default) as T
        is Float -> prefs.getFloat(key, default) as T
        is Long -> prefs.getLong(key, default) as T
        is Boolean -> prefs.getBoolean(key, default) as T
        else -> throw IllegalStateException("not supported type ${clazz.simpleName}")
    }
}
```

リスト16 │ インラインクラスの有効化

```
android {
    kotlinOptions.freeCompilerArgs += ["-XXLanguage:+InlineClasses"]
}
```

ラスに対しても付与できるようになりました。インラインクラスは、修飾子が付与されたクラスの中身が展開されるようになるため、クラス生成に対するオーバーヘッドが削除できます。これは、Androidアプリ開発においてさまざまな場面で活用できます。

現状はExperimentalな機能であるため、使用する際にはbuild.gradle内でインラインクラスを有効にしましょう(**リスト16**)。

では、どのような場面で活用できるのでしょうか。たとえば、UserIdなどのようなIDを扱う場面で活用できます。**リスト17**のような関数があった場合を考えてみます。

リスト17 │ IDを引数に取るような関数

```
fun load(userId: String) {
    (省略)
}
```

アプリ内部ではさまざまな種類のIDを扱う場面があるため、`userId`を`String`として扱っていると、別の似たようなIDが入れられてしまう可能性があります。

そこで、アプリ内の各所で使われているPrimitiveな値を、`UserId`や`ProgramId`などのように値そのものを表す型として扱うことで、代入時のミスを減らせます。クラスに対して

リスト18 | インラインクラスの使用例

```
inline class UserId(val userId: String)

fun load(userId: UserId) {
    (省略)
}
```

inline修飾子が付与できるようになったことで、クラス生成のコストを気にせずにこのようなアプローチを取れるようになりました(**リスト18**)。

KotlinのTypeAliasを使用しても同じようなことができると考えるかもしれませんが、TypeAliasはあくまでもエイリアスであるため、型による強制力は持っていません。TypeAliasに関しては、あくまでもエイリアスとして定義したい場合に使用するのが良いでしょう。

拡張関数/拡張プロパティ

Kotlinには**拡張**という機能があります。これは、クラスを継承したりすることなく、関数やプロパティを新たに定義できる強力な機能です。レシーバータイプを関数名/プロパティ名の前につけることで定義できます。

たとえば、ColorIntを取得したい場合には、`ContextCompat.getColor(context, R.color.primaryColor)`のように記述できますが、Contextクラスに対して、`color()`というメソッドを拡張して定義することで、`context.color(R.color.primaryColor)`のようにシンプルな形でColorIntを取得できます(**リスト19**)。

では、どのようにこの機能が実現されているのでしょうか。対象クラスにメソッドやプロパティが新しく追加されたように見えますが、拡張関数/拡張プロパティはStaticなメソッドとして解釈されます。そのため、Javaからの呼び出し時にはファイル名にKtをつけた`ContextExtKt.color()`のような形で呼び出せます。

もし、ContextExtKtという名前を変更したいのであれば、`@file:JvmName`を使用することで、`ContextUtil.color(R.color.primaryColor)`のような形で取得できるようになります(**リスト20**)。

リスト19 | 拡張関数の定義

```
// ContextExt.kt

@ColorInt fun Context.color(@ColorRes colorRes: Int): Int {
    return ContextCompat.getColor(this, colorRes)
}
```

リスト20 | @file:JvmNameの使用例

```
@file:JvmName("ContextUtil")

@ColorInt fun Context.color(@ColorRes colorRes: Int): Int {
    return ContextCompat.getColor(this, colorRes)
}
```

試してみよう Jetpack活用術

Googleは、開発者がアプリの本質的な機能開発に集中できるようにJetpackというライブラリコレクションを提供していますが、その中には開発者がKotlinの言語機能を十分に活かして開発を行えるよう作成された、Android KTXというライブラリ群が存在します。ここでは、Android KTXがどのような機能を提供しているのかを、具体的な使用例やユースケースを示しながら1つ1つ解説していきます。

JetpackとAndroid KTX

Androidアプリを開発する上で、バックグラウンドジョブ、データの永続化、ライフサイクル管理などは多くの開発者にとって実装に手間がかかったり、実装の難易度が高かったりします。Jetpackは、それらの問題を効率良く解決し、開発者が本来の機能開発に集中できるように、Googleが公式に提供しているライブラリコレクションです。

そのJetpackライブラリの一部としてAndroid KTXが提供されています。Android KTXはKotlinの拡張機能のセットで、委譲プロパティ、拡張関数、CoroutineなどのKotlinの言語機能を使って、KotlinによるAndroidアプリ開発をより簡単で分かりやすく行えるAPIを提供しています。Googleが2019年にKotlinファーストを発表したことも相まって、積極的にKotlinの言語機能を活用したAPIが提供されるようになりました。

Android KTXは各モジュールに「ktx」のsuffixがついた形で提供されており、現在10種類以上のktxアーティファクトが提供されています[注1]。ここでは、Android KTXがどのような機能を提供しているのかを紹介します。

便利な拡張関数

Android KTXの中には、Kotlinの拡張関数を使ってAndroid APIの利便性を高めているものがあります。基本的にモジュールごとに関係する拡張関数が含まれていますが、Androidフレームワークに関する拡張関数は主にcore-ktxモジュールに含まれています。たとえば、Preferenceに値を保存したり、Fragmentのトランジションを行う場合は、Android KTXを使って次のように記述できます(リスト1、リスト2)。

Android KTXで新しい機能が提供されることはありませんが、このようにKotlinの言語機能を十分に活かしながらAndroidアプリ開発を行えます。

注1) URL https://developer.android.com/kotlin/ktx.html

Kotlin Coroutinesへの対応

いくつかのJetpackライブラリにはKotlin Coroutinesへの対応が含まれています。Coroutineの詳しい解説については、第4章の「4.1 Coroutineを使った非同期処理入門」を確認してください。ここでは、どのJetpackライブラリがどのようなCoroutine対応をしているのかを見ていきます。

リスト1 | Android KTXの使用例①

```
// kotlin
sharedPreferences.edit()
    .putBoolean("key", value)
    .apply()

// kotlin + AndroidKTX
sharedPreferences.edit {
    putBoolean("key", value)
}
```

CoroutineScopeの追加

LifecycleOwner／Lifecycleに対して、それぞれ`LifecycleOwner.lifecycleScope`／`Lifecycle.coroutineScope`の拡張プロパティが定義されています。`LifecycleOwner.lifecycleScope`は、内部で`Lifecycle.coroutineScope`を呼び出しているだけに過ぎず、LifecycleOwner／Lifecycleに紐づくライフサイクルに応じてCoroutineScopeが適用されます。

たとえば、Activityに紐づくLifecycleOwner／Lifecycleを使用した場合は、JobはActivityのonDestroyで破棄されます。また、DispatcherはデフォルトでDispatchers.Mainが使用されます(**リスト3**)。

`LifecycleOwner.lifecycleScope`／

リスト2 | Android KTXの使用例②

```
// kotlin
supportFragmentManager
    .beginTransaction()
    .replace(R.id.my_fragment_container, myFragment, FRAGMENT_TAG)
    .commitAllowingStateLoss()

// kotlin + AndroidKTX
supportFragmentManager.transaction(allowStateLoss = true) {
    replace(R.id.my_fragment_container, myFragment, FRAGMENT_TAG)
}
```

リスト3 | lifecycleScope/coroutineScopeで処理を実行

```
override fun onCreate(savedInstanceState: Bundle?) {
    super.onCreate(savedInstanceState)
    setContentView(R.layout.activity_main)

    lifecycleScope.launch {
        // run suspend functions
    }

    lifecycle.coroutineScope.launch {
        // run suspend functions
    }
}
```

リスト4 特定のライフライクル以降で処理を実行

```
lifecycleScope.launchWhenCreated { } // or lifecycle.coroutineScope.launchWhenCreated { }
lifecycleScope.launchWhenStarted { } // or lifecycle.coroutineScope.launchWhenStarted { }
lifecycleScope.launchWhenResumed { } // or lifecycle.coroutineScope.launchWhenResumed { }
```

リスト5 viewModelScopeで処理を実行

```
class UserViewModel : ViewModel() {

    fun loadUser() {
        viewModelScope.launch {
            val user = repository.loadUser()
        }
    }
}
```

`Lifecycle.coroutineScope`で`launch`されたジョブはActivityのonDestroyでキャンセルされますが、ジョブの実行タイミングをライフサイクルに応じてコントロールするために、3つの拡張関数が新たに定義されました(**リスト4**)。

これらの拡張関数に与えられたブロックは、Lifecycleが少なくとも`Lifecycle.State.CREATED`／`Lifecycle.State.STARTED`／`Lifecycle.State.RESUMED`である場合に実行されることが保証されます。

たとえば、onStop以降でFragmentのトランザクション処理を行うと、IllegalStateExceptionが投げられますが、`lifecycleScope.launchWhenStarted { }`を使用することでonStop以降にブロックが実行されることを回避できます。

ViewModelを使うことで、Configuration変更を跨いでデータを保持することができますが、ViewModelに対しても、LifecycleOwner/Lifecycleのように`coroutineScope`の拡張プロパティが定義されています。`viewModel.coroutineScope`を使用することで、`ViewModel.onClear()`時にJobをキャンセルできます。ViewModelはActivity／FragmentのConfiguration変更を跨いで生存するため、画面回転時などでジョブがキャンセルされることがありません。また、DispatcherはデフォルトでDispatchers.Mainが使用されます(**リスト5**)。

suspend関数の実行

LiveDataはある監視対象のデータを保持するために使用されますが、時にデータはサーバーや端末のDBから非同期で取得されます。データを取得する関数が**suspend関数**によって取得されていた場合に`livedata { }`を使用することで、簡潔かつ効率的にデータを取得できます。

DispatcherはDispatchers.Mainが使用されるため、データ取得箇所では`withContext(Dispatcher.IO)`などで実行スレッドを切り替えるのが良いでしょう(**リスト6**)。

このようにブロック内でsuspend関数を実行し、その値をLiveDataに流せます。

また、与えられたブロックはLiveData

リスト6 | suspend関数で取得した値をLiveDataに反映

```
class UserViewModel: ViewModel() {

    val user: LiveData<User> = livedata {
        val user = repository.loadUser() // suspend function
        emit(user)
    }
}
```

リスト7 | doWork()内でsuspend関数を実行

```
class CoroutineWork(context: Context, params: WorkerParameters) : CoroutineWorker(context, params) {

    override suspend fun doWork(): Result {
        val user = service.getUser() // suspend function
        db.saveUser(user) // suspend function
        return Result.success()
    }
}

class NormalWork(context: Context, params: WorkerParameters) : Worker(context, params) {

    override fun doWork(): Result {
        val user = service.getUser()
        if (isStopped) return Result.failure()
        db.saveUser(user)
        return Result.success()
    }
}
```

がActiveになったタイミングで実行されます。ブロックのキャンセル処理はLiveDataがInactiveになり、指定した`timeoutInMs`以内に再びActiveにならない場合にキャンセルされます。`timeoutInMs`はデフォルトで5000msになっており、これはブロックの処理が画面回転などのConfiguration変更で何度も実行されてしまうことを防いでいます。もし、処理がキャンセルされた場合はLiveDataが再びActiveになった段階で再実行されますが、一度処理が成功していたり、ブロック内の実行時エラーで処理がキャンセルされていたりした場合にはブロックが再度実行されることはありません。

Backgroundで行われる非同期のタスクを制御する際にWorkManagerが使われますが、このWorkManagerに対しても`CoroutineWorker`が追加され、`doWork()`内でsuspend関数が実行できるようになりました。これにより、タスクのキャンセル処理が制御しやすくなりました(**リスト7**)。

通常、タスクのキャンセル時は、処理がすでに実行中であれば最後まで処理が走ってしまうため、`doWork()`内で`isStopped`を使ってタスクがキャンセル済みかをチェックする必要がありました。suspend関数で処理を実行していくことで、キャンセル時にはCancellationExceptionが投げられるため、自動的に後続の処理がキャンセルされるようになります。

リスト8 | Room/Retrofitで定義する関数をsuspend関数として定義

```
@Query("SELECT * FROM user WHERE id = :id")
suspend fun findUser(id: String): User

@GET("users/{id}")
suspend fun fetchUser(@Path("id") id: String): User
```

リスト9 | navArgsの使用例

```
val args by navArgs<TestFragmentArgs>()
```

suspend修飾子対応

非同期で処理を実行する際の関数を、suspend関数として定義したい場合があります。Androidアプリ開発でデータ永続化に使われるライブラリとしてRoom注2、ネットワーク通信に使われるライブラリとしてRetrofit注3が存在しますが、Room/Retrofitでは、実行される関数をsuspendとして定義できます(**リスト8**)。

ローカルデータの取得やネットワーク通信などの非同期処理はコールバックなどで可読性が低下しがちですが、このように非同期処理をsuspend関数で定義することによって、処理を手続き的に記述できます。

委譲プロパティによる利便性の向上

Jetpackライブラリの中には、Kotlinの委譲プロパティを使って利便性を高めているものがあります。

画面間の遷移を制御してくれるNavigationには、遷移元と遷移先でのデータの受け渡しを型安全に行うためのSafeArgsという機能がありますが、これに対しても便利な委譲プロパティが提供されています。通常、遷移元から渡されたデータを受け取るためには、argumentsからNavArgsオブジェクトを取得する必要がありますが、提供されているnavArgsを使用することによって、より簡潔に記述することができます(**リスト9**)。

同じように、委譲プロパティを使ったプロパティの初期化方法を提供しているものがViewModelです。用意されたKotlinの委譲プロパティを利用して、Activity/Fragment/親Fragment/NavigationのNested Graphの4種類のConfiguration変更を跨ぐスコープでインスタンスを取得できます(**リスト10**)。それぞれ、activity-ktx、fragment-ktx、navigation-fragment-ktxモジュールに委譲プロパティが定義されているので、必要なモジュールの依存を追加します。

Kotlinのコード生成

NavigationのSafeArgsは通常Javaコードを生成しますが、適用するプラグインを`androidx.`

注2) URL https://developer.android.com/jetpack/androidx/releases/room

注3) Retrofitは Jetpackライブラリではありませんが、Androidで通信処理を行う際のデファクトスタンダードなライブラリです。
URL https://square.github.io/retrofit

リスト10 | activityViewModels/viewModels/navGraphViewModelsの使用例

```
private val mainViewModel: MainViewModel by activityViewModels { viewModelFactory }

private val subViewModel: SubViewModel by viewModels { viewModelFactory }

private val parentViewModel: ParentViewModesl by viewModels(
    ownerProducer = { requireParentFragment() },
    factoryProducer = { viewModelFactory }
  )

private val navGraphViewModel: NavigationViewModel by navGraphViewModels(R.id.nested_nav_graph)
```

リスト11 | SafeArgsがKotlinのコードを生成するよう設定

```
apply plugin: "androidx.navigation.safeargs.kotlin"
```

navigation.safeargsからandroidx.navigation.safeargs.kotlinに変更することによって、JavaではなくKotlinでコードを生成できます(**リスト11**)。

Kotlinでコードを生成することによって、名前付き引数やデフォルト引数、Dataクラスなどの Kotlinの言語機能が持つ恩恵を享受できます。また、生成されるコード量もJavaと比べて少なくなります。

Jetpack Compose

Jetpack Composeは、Kotlinで作られた宣言的にUIを構築するためのツールキットです。@Composableアノテーションが付与されたUIコンポーネントを構築することによって、宣言的にレイアウトを構成していきます(**リスト12**)。現在も開発中であるため、プロダクションで使用するにはまだ早いですが、Android Studio 4.0 Canary 1以降のAndroid Sudioを使うことによってJetpack Composeを試すことができます。Android Studio 4.0 Canary 1以降のAndroid Studioでは、Composeのベースプロジェクトの選択や、Composeで構築されたレイアウトのプレビュー機能などが備わっています。

リスト12 | Jetpack Composeの利用方法

```
@Composable
fun Greeting(name: String) {
    Text ("Hello $name!")
}
```

Jetpack Composeについてもっと知りたい方は、公式サイトに概要やチュートリアルが掲載されているので、一度見てみると良いでしょう[注4]。また、開発の方向性や開発状況などについて追いたい方は、公式のSlackチャンネル[注5]にあるcompose部屋に入ると良いでしょう。

注4) URL https://developer.android.com/jetpack/compose

注5) URL https://kotlinlang.slack.com/

2.5 テストの始め方と環境構築

ここでは、Androidにおけるテストの種類とその概要や、テストを記述するために必要なGradleの設定方法、実際のテストの記述方法をKotlinのコードを使って解説します。まずはじめに、ローカルでテストを実行するLocalテスト、次に実際にデバイス上でテストを実行するInstrumentationテスト、最後に特定のテストを場合によってLocalテスト／Instrumentationテストとして使い分けることのできるSharedテストについて説明します。

Androidにおけるテスト

Androidでは、大きく2種類のテスト方法が存在します。

1つは**Localテスト**です。ある特定のクラスやメソッドに対してテストを行うもので、JVM上でローカルに実行されます。実行速度は速いですが、実デバイス上で実行されるわけではないため、テストの忠実度は低くなります。テストファイルは「test」ソースセット下に配置されます。

そして、もう1つが**Instrumentation**テストです。複数のクラスやメソッドがアプリと同じように実行された場合に期待通りに振る舞うかどうかを、デバイスを使って検証するテストです。エミュレーターや実デバイスで実行されるため、テストの忠実度は高いですが、実行に時間がかかります。また、実際にネットワーク通信を行うような場合には結果が不安定になる場合があります。テストファイルは「androidTest」ソースセット下に配置されます。

RobolectricとAndroidXテスト

RobolectricとAndroidXテストの2つは、Androidのテストに使用される主要なライブラリです。

RobolectricはJVM上でAndroidフレームワークのコードを模擬的に実行できるようにするためのライブラリです。単体テストは実デバイス上で実行されるわけではないため、Android特有のクラスやメソッドは自分でモックして挙動を偽装しない限り使用できませんでしたが、RobolectricはJVM上でAndroidフレームワークを利用できる仕組みを提供します。

一方で**AndroidXテスト**は、LocalテストとInstrumentationテストのギャップを埋めることを目的とした、一般的なAndroidテストライブラリです。両タイプのAndroidテストでの使用を目的としているため、同じAPIを使ってLocalテストとInstrumentationテスト用にテストコードを記述できます。

また、特定のテストコードをLocalテストとしてローカルで実行したい場合もあれば、実デバイス上で時間をかけてでも実行したい場

リスト1 | 「sharedTest」ディレクトリの登録

```
android {
    sourceSets {
        String sharedTestDir = 'src/sharedTest/java'
        test {
            java.srcDir sharedTestDir
        }
        androidTest {
            java.srcDir sharedTestDir
        }
    }
}
```

リスト2 | テストに関する依存関係の追加例

```
dependencies {
    testImplementation 'junit:junit:4.12'
    testImplementation 'androidx.test:core-ktx:1.2.0'
    testImplementation 'androidx.test.ext:junit-ktx:1.2.0'
    (省略)

    androidTestImplementation "junit:junit:4.12"
    androidTestImplementation 'androidx.test:core-ktx:1.2.0'
    androidTestImplementation 'androidx.test.ext:junit-ktx:1.2.0'
    (省略)
}
```

合がありますが、RobolectricとAndroidXテストを利用することによって、**Sharedテスト**という形で特定のテストコードをLocalテストとInstrumentationテストの両方で走らせることもできます。

では、どのようにSharedテストを記述するのでしょうか。まずは、「test」ディレクトリや「androidTest」ディレクトリと同じ階層に「sharedTest」ディレクトリを作成し、「sharedTest」内のソースがどちらのソースセットにも含まれるようにしましょう(**リスト1**)。

このように両タイプのソースセットに含まれるようにすることで、`./gradlew test`を実行すればLocalテストが、`./gradlewconnectedAndroidTest`を実行すればInstrumentationテストが実デバイス上で開始されます。

環境構築を行う

テストを行うためのGradleの設定方法について見ていきます。

基本的に必要なことは、`testImplementation`でLocalテストに必要な依存モジュールを含めることと、`androidTestImplementation`でInstrumentationテストに必要な依存モジュールを含めることです(**リスト2**)。今回は、モックライブラリはMockK[注1]を、アサーションライブラリはTruth[注2]を使用します。

モックライブラリは、その他にもMockito[注3]

注1) URL https://github.com/mockk/mockk
注2) URL https://github.com/google/truth
注3) URL https://github.com/mockito/mockito

リスト3 UserViewModelの定義

```
class UserViewModel(private val repository: UserRepository) : ViewModel() {

    private val _user: MutableLiveData<User> = MutableLiveData()
    val user: LiveData<User> = _user

    private val _state: MutableLiveData<state> = MutableLiveData()
    val state: LiveData<state> = _state

    fun register() {
        viewModelScope.launch {
            _state.value = state.REGISTERING
            try {
                val user = repository.register()
                _user.value = user
                _state.value = UserState.REGISTERED
            } catch (e: Throwable) {
                _state.value = UserState.UNREGISTERED
            }
        }
    }
}
```

や、MockitoをKotlin用にwrapしたmockito-kotlin[注4]などがあります。また、アサーションライブラリには他にもAssertJ[注5]やKotlinTest[注6]などがあります。どのライブラリを使うかはチーム状況や開発環境によって判断するのが良いでしょう。

実際のテストコードに関してはサンプルプロジェクトを公開しています[注7]。より具体的な記述方法や、テストがうまく実行できないような場合にはこちらを参考にしてください。今回は**表1**の開発環境で解説を進めます。

注4) URL https://github.com/nhaarman/mockito-kotlin
注5) URL https://joel-costigliola.github.io/assertj
注6) URL https://github.com/kotlintest/kotlintest
注7) URL https://github.com/TakuSemba/KotlinAndroidProjectSample

Localテストを書く

では、実際にテストコードを書いてみましょう。今回はユーザー登録を行うUserViewModel#register()メソッドのLocalテストを考えます(**リスト3**)。

UserViewModelは、UserとUserStateの状態をLiveDataで保持し、register()時にUserStateがREGISTERING状態になった後、登録したユーザーが更新され、REGISTERED状態になるとします。ユーザー登録に失敗した場合は、UserStateがUNREGISTERED状態に

表1 開発環境

名称	URL	バージョン	概要
Kotlin	https://developer.android.com/kotlin	1.3.61	言語
Android Studio	https://developer.android.com/studio	3.5.1	Androidの公式統合開発環境
Gradle	https://gradle.org/	5.6.2	ビルドツール

リスト4 | UserViewModelのLocalテスト

```
@Test
fun loadUser_whenSuccess() {
    val repository = mockk<UserRepository>()
    val userObserver = mockk<Observer<User>>(relaxed = true)
    val stateObserver = mockk<Observer<UserState>>(relaxed = true)
    val viewModel = UserViewModel(repository)

    viewModel.user.observeForever(userObserver)
    viewModel.state.observeForever(stateObserver)

    coEvery { repository.register() } returns User(name = "test-user")

    viewModel.register()

    verifyOrder {
        stateObserver.onChanged(match { result -> result == UserState.REGISTERING })
        userObserver.onChanged(match { result -> result.name == "test-user" })
        stateObserver.onChanged(match { result -> result == UserState.REGISTERED })
    }

    assertThat(viewModel.user.value).isEqualTo(User("test-user"))
    assertThat(viewModel.state.value).isEqualTo(UserState.REGISTERED)
}

@Test
fun loadUser_whenFailure() {
    val repository = mockk<UserRepository>()
    val userObserver = mockk<Observer<User>>(relaxed = true)
    val stateObserver = mockk<Observer<UserState>>(relaxed = true)
    val viewModel = UserViewModel(repository)

    viewModel.user.observeForever(userObserver)
    viewModel.state.observeForever(stateObserver)

    coEvery { repository.register() } throws RuntimeException("failed to register")

    viewModel.register()

    verifyOrder {
        stateObserver.onChanged(match { result -> result == UserState.REGISTERING })
        stateObserver.onChanged(match { result -> result == UserState.UNREGISTERED })
    }

    assertThat(viewModel.user.value).isNull()
    assertThat(viewModel.state.value).isEqualTo(UserState.UNREGISTERED)
}
```

戻ります。

このUserViewModelのregister()メソッドの、成功時と失敗時のテストコードを書いてみましょう(**リスト4**)。

成功時と失敗時の状況を実現するために、MockKを使ってUserRepository#register()の挙動をすり替えています。MockKは、coのPrefixが付いたメソッドを利用することで、suspend関数を扱えます。

記述したテストをAndroid Studio上、もし

リスト5 | TopFragmentの定義

```
class TopFragment : Fragment() {

    override fun onViewCreated(view: View, savedInstanceState: Bundle?) {
        super.onViewCreated(view, savedInstanceState)
        view.findViewById<Button>(R.id.button).setOnClickListener {
            val direction = TopFragmentDirections.actionTopFragmentToDetailFragment()
            findNavController().navigate(direction)
        }
    }
}
```

リスト6 | TopFragmentのInstrumentationテスト

```
@Test
fun navigateToDeTailFragment() {
    val controller = mockk<NavController>(relaxed = true)
    val scenario = launchFragmentInContainer<TopFragment>()

    scenario.onFragment { fragment ->
        Navigation.setViewNavController(fragment.requireView(), controller)
    }

    onView(withId(R.id.button)).perform(click())

    verify {
        controller.navigate(match { direction: NavDirections ->
            direction.actionId == R.id.action_topFragment_to_detailFragment
        })
    }
}
```

くは、Gradleコマンドを使って実行してみましょう。適切な順番でUserViewModelの状態が変更されていることをMockKのverifyOrderを使って検証し、最終的な状態が期待した結果になっていることをTruthを使って検証しています(**図1**)。また、UserはDataクラスとして定義してあり、自動でequals/hashcodeが追加されるため、isEqualToを使った値の比較が行えます。

Instrumentationテストを書く

次に、Instrumentationテストを書いてみましょう。Navigationを使ったアプリで、特定のボタンがクリックされた際にTopFragmentからDetailFragmentへ遷移するシチュエーションを考えます(**リスト5**)。

ボタン押下時に、DetailFragmentへ遷移しているかどうかを確かめるテストコードを書いてみましょう(**リスト6**)。

launchFragmentInContainerは、fragment-testingモジュールで定義されているKotlinのトップレベル関数で、Kotlinからの呼び出しがシンプルになるようにAPIが提供されています。モックされたNavControllerを差し替え

図1 | リスト4の実行結果

▼ ✓ UserViewModelTest (com.example.kotlinsampleapp)	2 s 689 ms
✓ register_whenSuccess	2 s 649 ms
✓ register_whenFailure	40 ms

図2 リスト6の実行結果

```
▼ ✓ Test Results                                        1s 634ms
  ▼ ✓ com.example.kotlinsampleapp.TopFragmentTest        1s 634ms
      ✓ navigateToDeTailFragment                         1s 634ms
```

図3 Localテスト／Instrumentation
テスト／Sharedテストの関係図

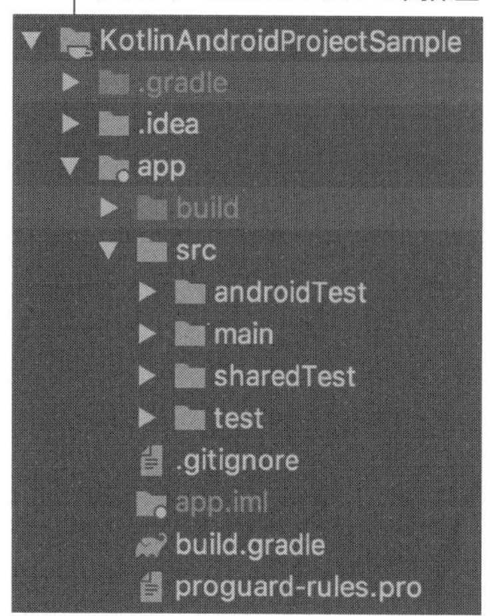

ることによって、verify時に適切な`actionId`でnavigateされたかを検証しています(図2)。これにより、ボタン押下時に意図した画面に遷移しているかどうかをテストできます。

Sharedテストとして実行する

次に、先程書いた`navigateToDeTailFragment`テストをSharedテストとして、実行してみましょう。

「androidTest」配下から「sharedTest」配下に移動させて、「RobolectricとAndroid X Test」(P.55)で解説した通りに正しくソースセットが読み込まれるようになっていれば準備完了です。

`./gradlewapp:test`を実行することで、「test」ソースセットと「sharedTest」ソースセットに存在するテストコードが、Localテストとして実行されます。一方で、`./gradlewapp:connectedAndroidTest`とすれば、「androidTest」ソースセットと「sharedTest」ソースセットに存在するテストコードが、実デバイス上でInstrumentationテストとして実行されます(図3)。

また、「sharedTest」ソースセットは、LocalテストとInstrumentationテストで共通して使用したいようなクラスやメソッドを置くこともできます。たとえば、テストオブジェクトを生成するためのUtil系のクラスやメソッドを「sharedTest」ソースセットに入れることによって、LocalテストとInstrumentationテストの両方で同じ生成ロジックを使用することができます。

2章のまとめ

2章では、Kotlinを使ったAndroidアプリ開発の進め方や、開発する上でどのようなKotlinのメリットが享受できるか、また注意すべき点などについて解説してきました。

KotlinはGoogleが積極的にサポートを行っていることも相まって、環境構築やツールなどにおいて非常に開発しやすい環境が整っています。また、Android KTXライブラリに関しても、次々と新しいものが登場しています。Javaで書かれた既存のプロジェクトを運用している方や、これから新しいAndroidアプリを開発しようと考えている方は、Kotlinを導入することで、ツールやライブラリなどによるさまざまなメリットを享受できることでしょう。

木原 快 *Hayato Kihara*
Mail ▶ kai.21grape@gmail.com
Twitter ▶ @gumimin_
Web ▶ https://www.linkedin.com/in/hayato-kihara/

Kotlinによる サーバサイド アプリケーション開発

本章では、シンプルなWeb APIを題材とし、Kotlinでサーバサイドアプリケーションを作成する方法をセクションごとに学んでいきます。各種開発環境は以下のバージョンで動作を確認しています。なお、各環境の構築方法は公式ホームページをご覧ください。

- Kotlin：1.3.50，IntelliJ IDEA CE：2019.1.3，Gradle：5.6.2
- MySQL：5.7，MongoDB：4.0.3
- JDK：8

また、本章のサンプルコードをGitHubで公開しています[注]。3.1と3.2は「kotlin-server-side」、3.3は「kotlin-server-side-functional」、3.4は「kotlin-server-side-reactive」の各ディレクトリが対応します。

注） URL https://github.com/gumimin/Minna-no-Kotlin

3.1 Spring Bootを用いたWeb APIの作成

本セクションでは、CRUDを提供するシンプルなWeb APIを題材とし、Kotlinでサーバサイドアプリケーションを開発する基本的な方法を説明します。Webアプリケーションフレームワークである Spring Bootをはじめとする各種フレームワーク・ライブラリについて、実際にどのように使用するのかをコードベースで示すとともに、手軽にサーバサイド開発ができるということを体験していただきます。

作成するWeb APIについて

作成するAPIは、DBのitemsテーブルに対して**表1**の操作を行います。

itemsテーブルと初期データは、**リスト1**のSQLで作成します。

API作成にあたりSpring Framework[注1]を使用します。Spring Frameworkは2017年9月にリリースされたSpring 5からKotlinを積極的にサポートしており、サーバサイド開発においてKotlinとSpringを組み合わせて使用する開発現場はどんどん増えています。Spring Frameworkにはさまざまな関連プロジェクトが存在しますが、**表2**のSpring Boot Starterを使用することで、依存するライブラリをまとめて取得し、各種設定を自動で行うことができます。

本章で使用するSpringの各プロジェクトの

注1) URL https://spring.io/

表1 作成するWeb APIの機能

機能	リクエストURI	HTTPメソッド	詳細
全件取得	/items	GET	商品情報をすべて取得する
詳細取得	/items/{id}	GET	指定したidの商品情報を取得する
新規登録	/items	POST	商品情報を新規登録する
削除	/items/{id}	DELETE	指定したidの商品情報を削除する

リスト1 itemsテーブルと初期データの作成(src/main/resources/sql/initialize_items.sql)

```
CREATE TABLE items (
  id INTEGER AUTO_INCREMENT NOT NULL PRIMARY KEY,
  name VARCHAR(32) NOT NULL,
  price INTEGER NOT NULL
);

INSERT INTO items (name, price) VALUES ('apple', 150);
INSERT INTO items (name, price) VALUES ('orange', 300);
INSERT INTO items (name, price) VALUES ('banana', 250);
```

表2 本セクションのアプリケーション内で使用する主なフレームワーク・ライブラリ

名称	URL	バージョン	概要
Spring Boot WebFlux Starter	https://mvnrepository.com/artifact/org.springframework.boot/spring-boot-starter-webflux	2.2.0	Webアプリケーションフレームワーク
Spring Boot Data JDBC Starter	https://mvnrepository.com/artifact/org.springframework.boot/spring-boot-starter-data-jdbc	2.2.0	DBアクセスライブラリ

表3 この章で使用するSpringプロジェクト

プロジェクト名	URL	概要
Spring Framework	https://docs.spring.io/spring/docs/current/spring-framework-reference/core.html#spring-core	Inversion of Control(IoC)コンテナやAspect-Oriented Programming(AOP)といったSpringの根幹を成す機能を提供する。とくにIoCはSpringで最も大切な思想の1つで、Dependency Injection(DI)として実現されている。Springにおいて、DIコンテナで管理されるインスタンスはBeanと呼ばれる(DIの詳しい説明は公式リファレンスを参照)。
Spring Boot	https://docs.spring.io/spring-boot/docs/current/reference/html/	Springを使用したアプリケーションを簡単に作成することを目的としたプロジェクト。Spring Frameworkを使用する際に煩雑に感じる設定を自動で行ったり、組み込みサーバを同梱した実行可能ファイルが作成できたりと、素早く簡単にアプリケーションを作成することができる。
Spring WebFlux	https://docs.spring.io/spring/docs/current/spring-framework-reference/web-reactive.html	Spring 5から追加された新しいWebアプリケーションフレームワークで、Reactor(https://projectreactor.io/)ベースのリアクティブなAPIを提供する。
Spring Data	https://spring.io/projects/spring-data	各データソースに対して同様のデータアクセスを可能にするインタフェースを提供する。抽象化されたリポジトリやデータマッピングの機能を使用することにより、どのデータソースを使用しているのかアプリケーション内で気にすることなく実装することが可能となる。また、リポジトリのメソッド名からクエリを動的に発行するなどの強力な機能も存在する。

説明は**表3**の通りです。

プロジェクト作成

まずはプロジェクトを作成します。Spring Frameworkを用いたプロジェクトを作成する場合は、Spring Initializr[注2]というサイトからプロジェクトの雛形をダウンロードすることができます(**図1**)。

それでは**表4**の設定でプロジェクトをダウンロードしましょう。なおSpring Initializrで選択することのできるバージョンはアクセスするタイミングにより異なりますので、**表4**に指定したバージョンが利用できない場合は最新のGAバージョンを選択してください。

続いて、ダウンロードしたプロジェクトをIntelliJ IDEAで開きます。プロジェクトのディレクトリ構成は**図2**のようになっています。

注2) URL https://start.spring.io/

図1 | Spring Initializr

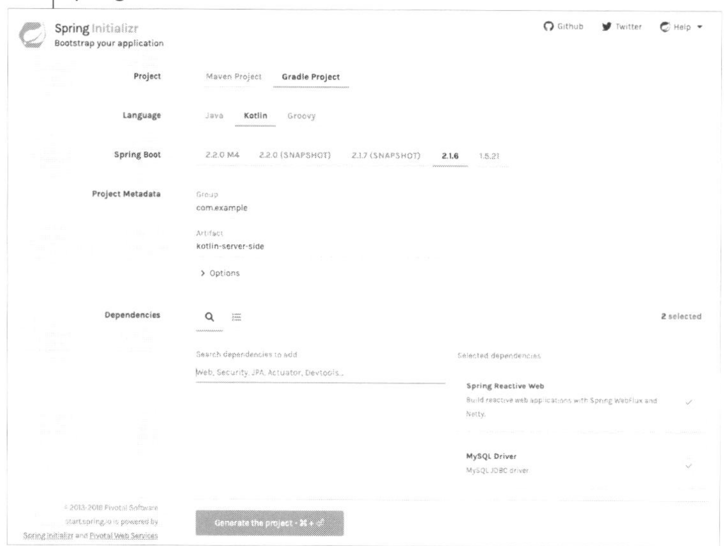

表4 | プロジェクトをダウンロードする際の設定

項目	設定
Project	Gradle Project
Language	Kotlin
Spring Boot	2.2.0
Project Metadata	Group: com.example
	Artifact: kotlin-server-side
Dependencies	Spring Reactive Web
	MySQL Driver

基本的に実装ファイルは「src/main」配下に作成し、テストファイルは「src/test」配下に作成します。また、「KotlinServerSideApplication.Kt」というファイルが、このアプリケーションのメインファイルになります。

図2 | プロジェクトのディレクトリ構成

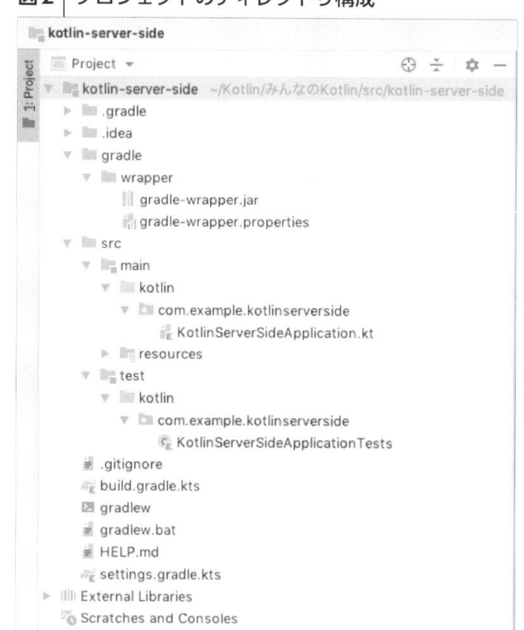

依存ライブラリの指定

プロジェクト内のbuild.gradle.ktsを開きます。こちらには、依存するライブラリやビルドの設定が記載されています。Gradleではもともと Groovy ベースのDSLで設定を記述していましたが、Gradle 5.0からKotlin DSLでの記述ができるようになりました。Spring Initializrでプロジェクトを作成する際、Spring Reactive Web と MySQL Driver を Dependencies に追加したため、関連するライブラリは、あらかじ

リスト2 | build.gradle.ktsの内容

```
import org.jetbrains.kotlin.gradle.tasks.KotlinCompile

plugins {
    id("org.springframework.boot") version "2.2.0.RELEASE"
    id("io.spring.dependency-management") version "1.0.8.RELEASE" ―❷
    kotlin("jvm") version "1.3.50"
    kotlin("plugin.spring") version "1.3.50"
}

group = "com.example"
version = "0.0.1-SNAPSHOT"
java.sourceCompatibility = JavaVersion.VERSION_1_8

repositories {
    mavenCentral()
}

dependencies {
    // Spring
    implementation("org.springframework.boot:spring-boot-starter-webflux")
    implementation("com.fasterxml.jackson.module:jackson-module-kotlin")

    // Kotlin
    implementation("org.jetbrains.kotlin:kotlin-reflect")
    implementation("org.jetbrains.kotlin:kotlin-stdlib-jdk8")
    implementation("org.jetbrains.kotlinx:kotlinx-coroutines-reactor")

    // Data Access
    implementation("org.springframework.boot:spring-boot-starter-data-jdbc") ―❶
    runtimeOnly("mysql:mysql-connector-java")

    // Test
    testImplementation("org.springframework.boot:spring-boot-starter-test") {
        exclude(group = "org.junit.vintage", module = "junit-vintage-engine")
    }
    testImplementation("io.projectreactor:reactor-test")
}

tasks.withType<Test> {
    useJUnitPlatform()
}

tasks.withType<KotlinCompile> {
    kotlinOptions {
        freeCompilerArgs = listOf("-Xjsr305=strict")
        jvmTarget = "1.8"
    }
}
```

めbuild.gradle.kts内の「dependencies」ブロックに記載されています。今回は、**リスト2**のような依存ライブラリおよびバージョンを使用します。また、**リスト2**の❶ではSpring Initializrで追加できなかったSpring Data JDBCを追加しています。

なお、依存ライブラリの定義には、バージョンが明記されているものと、そうでないものが

リスト3 | gradle/wrapper/gradle-wrapper.propertiesの内容

```
distributionBase=GRADLE_USER_HOME
distributionPath=wrapper/dists
distributionUrl=https\://services.gradle.org/distributions/gradle-5.6.2-bin.zip ―❶
zipStoreBase=GRADLE_USER_HOME
zipStorePath=wrapper/dists
```

リスト4 | プロパティファイルへ接続情報を記述(src/main/resources/application.properties)

```
spring.datasource.url=jdbc:mysql://127.0.0.1:3306/kotlin?useSSL=false ―❶
spring.datasource.username=root
spring.datasource.password=pass
```

図3 | Gradleの[Refresh]ボタン

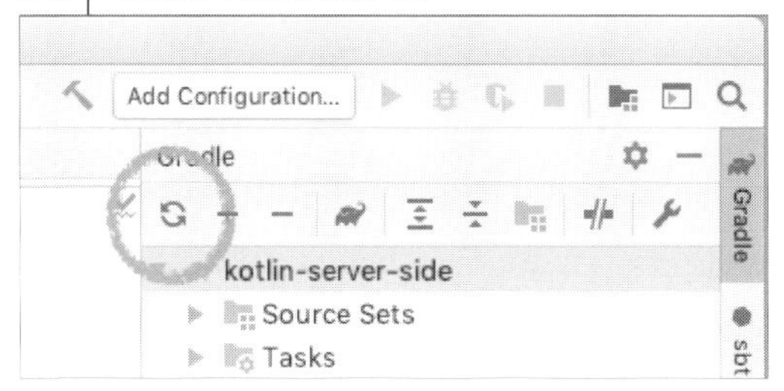

存在します。**リスト2の❷**で追加されているSpring の Dependency Management Plugin[注3]により、Spring側でバージョンが定義されているライブラリに関しては明示的にバージョンを指定する必要がなくなりました。

build.gradle.ktsを書き換えた際には、`./gradlew build`コマンドを実行するか、IDE上でGradleの[Refresh]ボタン(**図3**)をクリックすることで依存ライブラリをダウンロードすることができます。また、IntelliJのGradleの設定で、Auto Importを有効にすることで、自動で依存ライブラリをダウンロードできます。

以上で、本セクションで使用するライブラリの取得が完了しました。

最後に、Gradle Wrapperのバージョンを変更する場合は、gradle/wrapper/gradle-wrapper.propertiesの「distributionUrl」を書き換えます(**リスト3の❶**)。

アプリケーションの設定

Spring Bootアプリケーションで使用する設定は、主に「src/main/resources/application.properties」に記載します。今回はDBに接続するため、その情報を記載する必要があります。**リスト4**の記述を参考に、ご自身のDB環境に合わせて接続情報を書き換えてください。

リスト4の❶では、localhost上のMySQLに作成したkotlinという名前のDBに、ポート番号3306で接続しています。また、SSLは無効化しています。

なお、DBの接続情報などの機密性の高い設定値に関して、セキュリティを考慮するのであれば「application.properties」内に値をべた書きするのは避けたほうが良いでしょう。環境変数などからapplication.propertiesへ値を差し込む方法や、その他application.propertiesに関する詳しい説明は公式リファレンス[注4]をご

注3) URL https://docs.spring.io/dependency-management-plugin/docs/current/reference/html/

注4) URL https://docs.spring.io/spring-boot/docs/current/reference/htmlsingle/#boot-features-external-config-application-property-files

リスト5 | Itemクラス(src/main/kotlin/com/example/kotlinserverside/entity/Item.kt)

```
import org.springframework.data.annotation.Id
import org.springframework.data.relational.core.mapping.Table

@Table("items") —❶
data class Item(
    @Id val id: Int, —❷
    val name: String,
    val price: Int
)
```

確認ください。

エンティティの作成

DBのitemsテーブルと対応するデータを格納する、Itemクラスを作成します(**リスト5**)。Spring Data JDBCでは、DBのテーブルと対応するクラスファイルのことを**エンティティ**と呼びます。また、Kotlinでこのようなデータを保持するためのクラスは**データクラス**として作成することが一般的です。1章でも触れましたが、データクラスでは`equals()`や`copy()`など、データを扱う際に有用なメソッドをコンパイラが自動生成してくれます。

リスト5の❶では、`@Table`アノテーションでマッピングするテーブルを指定しています。

Spring Data JDBCを使用しDBのデータをクラスファイルにマッピングするためには、Auto Incrementを設定しているカラムには`@Id`を付与しておく必要があります(**リスト5の❷**)。

上記データクラスでは、DBの各カラムに対応したプロパティを作成しています。またテーブル名やカラム名は、一定のルール注5に基づいてマッピングされますが、Spring Dataの`@Table`や`@Column`といったアノテーションを

COLUMN

Springにおける Beanについて

前述の通り、SpringのBeanとはDIコンテナで管理されるインスタンスのことを指します。このBeanはクラス同士の依存関係が解決された状態で、使用される場所へとインジェクションすることができます。Beanを登録する方法は主に次の4つです。

- **コンフィギュレーションクラス**:@Configurationアノテーションと@Beanアノテーションを使用する
- **コンポーネントスキャン**:@Componentが付与されたクラスをスキャンする
- **Functional**:Spring 5.0から追加された比較的新しい方法
- **XML**:Springの初期から存在する登録方法

またBeanのインジェクションの方法は、コンストラクタインジェクション、フィールドインジェクション、セッターインジェクションの3つが存在します。コンストラクタでのみ、インジェクションされるBeanをイミュータブルとして保持できることや、テストの際にモックへの差し替えをリフレクションを使用せず容易に行えることなどから、コンストラクタインジェクションを使用することが推奨されています。

注5) URL https://docs.spring.io/spring-data/jdbc/docs/current/reference/html/#jdbc.entity-persistence.naming-strategy

リスト6 ItemRepositoryクラス(src/main/kotlin/com/example/kotlinserverside/repository/ItemRepository.kt)

```
import com.example.kotlinserverside.entity.Item
import org.springframework.data.repository.CrudRepository
import org.springframework.stereotype.Repository

@Repository —❶
interface ItemRepository : CrudRepository<Item, Int> —❷
```

用いることで、柔軟にテーブルとエンティティをマッピングさせることができます。マッピングされるプロパティの型については、Null許容型・Null非許容型をテーブル定義と一致させるようにしましょう。

リポジトリの作成

続いて、DBにアクセスし各種操作を行うItemRepositoryクラスを作成します(**リスト6**)。

リスト6の❶では、@Repositoryアノテーションを付与することでItemRepositoryクラスをBeanとして登録します。Beanについての説明はコラム「SpringにおけるBeanについて」を参照してください。

リスト6の❷では、Spring DataのCrudRepositoryを継承したインタフェースを作成します。CrudRepositoryの型引数にはエンティティクラスと、そのエンティティクラス内で@Idを付与したプロパティの型を渡します。今回はDBアクセスライブラリとしてSpring Data JDBCを使用していますが、Spring Data系ライブラリではCrudRepositoryクラスを継承したインタフェースを作成すると、CRUDのための各種メソッドが実装されたクラスが自動で生成されます。自動生成されるメソッドのうち、今回使用するのは**表5**の4つです。

表5 今回使用するメソッド

メソッド名	概要
findAll	全件取得
findById	Primary Keyを用いて1件取得する
save	エンティティを保存する
delete	Primary Keyを用いて1件削除する

コントローラの作成

続いてルーティング、バリデーションなどを行うItemControllerクラスを作成します(**リスト7**)。

リスト7の❶では、@RestControllerアノテーションを付与し、ItemControllerクラスをコントローラとしてBeanを登録します。

リスト7の❷では、先ほど作成したItemRepositoryクラスをコンストラクタインジェクションします。インジェクションを示す@Autowiredアノテーションは、今回の場合[注6]省略可能です。

リスト7の❸では、エンドポイントとメソッドのマッピングを行っています。@RequestMappingでマッピングを行うことができ、HTTPメソッドごとに@RequestMappingを内

注6) URL https://docs.spring.io/spring/docs/current/spring-framework-reference/core.html#beans-autowired-annotation

リスト7 ItemControllerクラス(src/main/kotlin/com/example/kotlinserverside/controller/ItemController.kt)

```
import com.example.kotlinserverside.entity.Item
import com.example.kotlinserverside.repository.ItemRepository
import org.springframework.http.HttpStatus
import org.springframework.web.bind.annotation.DeleteMapping
import org.springframework.web.bind.annotation.GetMapping
import org.springframework.web.bind.annotation.PathVariable
import org.springframework.web.bind.annotation.PostMapping
import org.springframework.web.bind.annotation.RequestBody
import org.springframework.web.bind.annotation.ResponseStatus
import org.springframework.web.bind.annotation.RestController

@RestController —❶
class ItemController(private val itemRepository: ItemRepository) { —❷
    @GetMapping("/items") —❸
    suspend fun getList() = itemRepository.findAll()

    @GetMapping("/items/{id}")
    suspend fun getById(@PathVariable id: Int) = itemRepository.findById(id)

    @PostMapping("/items") —❸
    @ResponseStatus(HttpStatus.CREATED) —❹
    suspend fun create(@RequestBody item: Item): Item = itemRepository.save(item)

    @DeleteMapping("/items/{id}") —❸
    @ResponseStatus(HttpStatus.NO_CONTENT) —❹
    suspend fun deleteById(@PathVariable id: Int) = itemRepository.deleteById(id)
}
```

包したアノテーションが用意されています。また、@RequestMappingをクラスに付与することで、URIを括ることもできます。

リスト7の❹では、@ResponseStatusアノテーションを用いてレスポンスのHTTPステータスを指定しています。

最後に各コントローラメソッドで対応するリポジトリのメソッドを呼べば完成です。

動作確認

作成したAPIを動かしてみましょう。Spring Bootアプリケーションはコマンドラインから`./gradlew bootRun`コマンドを実行するか、IntelliJにおいてmain関数の左横に表示される緑のボタンから実行する、もしくはGradleツールウィンドウから[bootRun]タスクを実行することで起動できます(**図4**)。

アプリケーションを起動すると**リスト8**のようなログが表示され、最後の1行を見ると、無事に起動したことが分かります。

図4 Gradleツールウィンドウから[bootRun]を実行

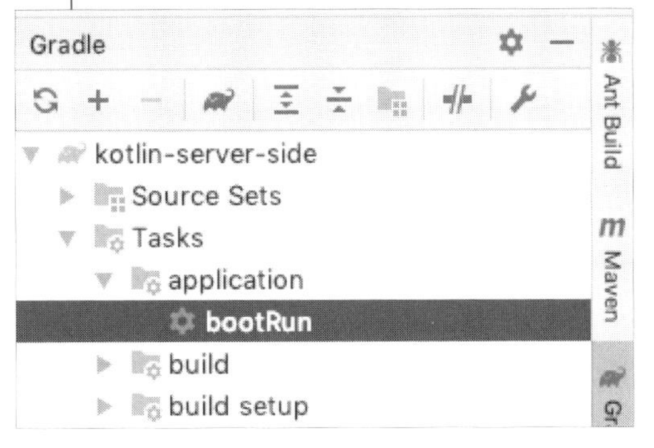

リスト8 | アプリケーション起動ログ

```
  .   ____          _            __ _ _
 /\\ / ___'_ __ _ _(_)_ __  __ _ \ \ \ \
( ( )\___ | '_ | '_| | '_ \/ _` | \ \ \ \
 \\/  ___)| |_)| | | | | || (_| |  ) ) ) )
  '  |____| .__|_| |_|_| |_\__, | / / / /
 =========|_|==============|___/=/_/_/_/
 :: Spring Boot ::        (v2.2.0.RELEASE)

2019-11-03 01:46:41.454  INFO 64568 --- [           main] c.e.k.KotlinServerSideApplicationKt      : 
Starting KotlinServerSideApplicationKt on MacBookPro.local with PID 64568 (/Users/gumimin/Kotlin/みんなのKotlin/src/2.2/kotlin-server-side/build/classes/kotlin/main started by gumimin in /Users/gumimin/Kotlin/みんなのKotlin/src/2.2/kotlin-server-side)
2019-11-03 01:46:41.465  INFO 64568 --- [           main] c.e.k.KotlinServerSideApplicationKt      : 
No active profile set, falling back to default profiles: default
2019-11-03 01:46:42.673  INFO 64568 --- [           main] .s.d.r.c.RepositoryConfigurationDelegate : 
Bootstrapping Spring Data repositories in DEFAULT mode.
2019-11-03 01:46:42.839  INFO 64568 --- [           main] .s.d.r.c.RepositoryConfigurationDelegate : 
Finished Spring Data repository scanning in 152ms. Found 1 repository interfaces.
2019-11-03 01:46:45.152  INFO 64568 --- [           main] o.s.b.web.embedded.netty.NettyWebServer  : 
Netty started on port(s): 8080
2019-11-03 01:46:45.166  INFO 64568 --- [           main] c.e.k.KotlinServerSideApplicationKt      : 
Started KotlinServerSideApplicationKt in 5.353 seconds (JVM running for 6.377)
```

IntelliJのTerminalウィンドウを開き、**図5**～**図8**のコマンドを入力しましょう。なお、本章での実行結果はbashで行ったものになります。

以上でAPIからitemsテーブルを操作できることが確認できました。Spring Frameworkを利用することで、簡単にWeb APIを作成できることを体感していただけたかと思います。

図5 | 新規作成

```
$ curl -X POST -H 'Content-Type: application/json' -d '{"name": "grape", "price": 400}' ⏎
localhost:8080/items
{"id":4,"name":"grape","price":400}
```

図6 | 全件取得

```
$ curl -X GET localhost:8080/items
[{"id":1,"name":"apple","price":150},{"id":2,"name":"orange","price":300},{"id":3,"name"
:"banana","price":250},{"id":4,"name":"grape","price":400}]
```

図7 | 詳細取得

```
$ curl -X GET localhost:8080/items/1
{"id":1,"name":"apple","price":150}
```

図8 | 削除

```
$ curl -X DELETE localhost:8080/items/4
$ curl -X GET localhost:8080/items
[{"id":1,"name":"apple","price":150},{"id":2,"name":"orange","price":300},{"id":3,"name"
:"banana","price":250}]
```

3.2 Spring Testと MockKを用いたテスト

本セクションでは、3.1で作成したAPIを元に、単体テスト・結合テストを作成します。Kotlinでテストを書く時によく使用されるJUnit 5とMockKの概要を押さえつつ、どのようにSpring Testと組み合わせるかについて見ていきます。MockKインスタンスの作成、テストでのDI、DBセットアップ、テストクライアントの使い方など、実務でのあらゆるテストケースに対応するための基礎を学びましょう。

使用するフレームワーク・ライブラリ

本セクションのアプリケーション内で使用する主なフレームワーク・ライブラリは**表1**の通りです。

Spring Boot Test Starterは、Spring Bootでテストするための各種ライブラリをダウンロードし、テスト用のConfigurationを提供してくれます。

MockKは、Kotlinで書かれているモックライブラリです。一般的なクラスのモックを作成できるだけではなく、Kotlin Coroutinesや拡張関数などKotlinで提供される言語機能に対して簡潔にモック化することができます。また、**Springmockk**を使用することで、Spring内でMockKインスタンスをDIの対象として扱うことができます。

JUnit 5は、テストフレームワークJUnitの最新バージョンです。テストインタフェースを提供するJupiter API、テストエンジンのJupiter Engine、後方互換を保つためのJUnit Vintageなどが追加されました。JUnit 5はJUnit 4からさまざまな機能追加やアノテーションの変更など大幅なアップデートを行いましたが、JUnit Vintageによって互換性も保たれています。

表1 | このセクションで使用する主なフレームワーク・ライブラリ

名称	URL	バージョン	概要
Spring Boot Test Starter	https://mvnrepository.com/artifact/org.springframework.boot/spring-boot-starter-test	2.2.0	Spring用のテストライブラリ
MockK	https://mvnrepository.com/artifact/io.mockk/mockk	1.9.3	モックライブラリ
Springmockk	https://mvnrepository.com/artifact/com.ninja-squad/springmockk	1.1.3	モックライブラリ
JUnit Jupiter API	https://mvnrepository.com/artifact/org.junit.jupiter/junit-jupiter-api	5.3.2	テストフレームワーク
JUnit Jupiter Engine	https://mvnrepository.com/artifact/org.junit.jupiter/junit-jupiter-engine	5.3.2	テストエンジン

リスト1 | 依存ライブラリの設定(build.gradle.kts)

```
dependencies {
    (略)

    // Test
    testImplementation("org.springframework.boot:spring-boot-starter-test") {
        exclude(group = "org.junit.vintage", module = "junit-vintage-engine") —❶
        exclude(group = "org.mockito", module = "mockito-junit-jupiter") —❷
    }
    testImplementation("io.projectreactor:reactor-test")
    testImplementation("com.ninja-squad:springmockk:1.1.3") —❷
}
```

依存ライブラリの指定

build.gradle.ktsに記載している依存ライブラリを、**リスト1**のように書き直しましょう。

Spring Initializrにおいて、Spring Boot 2.2.0以上のバージョンを選択すると、**リスト1**内の❶のようにSpring Boot Test StarterからVintageをexcludeしたり、**リスト2**のようにJUnit 5を有効にするタスクが追加されたりと、JUnit 5を使用するための依存関係やタスクがすでに記述されています。

また、Spring Boot Test Starterの2.2.0ではMockitoを付随してダウンロードしますが、こちらをexcludeしMockKを追加します。加えて、Spring Test内でMockKを扱いやすくするSpringmockkライブラリも追加します(**リスト1**内の❷)。

このように不要なライブラリを明示的にexcludeすることで、意図したものではない同名クラスをコード内でimportしてしまうことを防ぐことができます。一方で、excludeしたことによりライブラリの挙動が変わる場合もあることに注意する必要があります。

リスト2 | JUnit 5を有効にするタスク

```
tasks.withType<Test> {
    useJUnitPlatform()
}
```

テストにおける設定

セクション3.1では、Spring Bootアプリケーションで使用する設定は主に「src/main/resources/application.properties」に記述すると説明しましたが、テストのときのみ適用したい設定は、「src/test/resources/application-default.properties」に記述することで上書きすることができます。テスト時に使用するDBを切り替えたい場合や、テスト時のみ無効化したい機能がある場合などはこちらに記述しましょう。

ItemServiceクラスの作成とテストの実行

Spring Bootでは、業務ロジックを主にServiceクラス内に記述します。

今回セクション3.1で作成したAPIにおいては、業務ロジックが存在しなかったため、Serviceクラスを用意しませんでしたが、ControllerクラスからRepositoryクラスを直

リスト3 | ItemService (src/main/kotlin/com/example/kotlinserverside/service/ItemService.kt)

```
nal/service/ItemService.kt)

import com.example.kotlinserverside.repository.ItemRepository
import org.springframework.stereotype.Service

@Service —❶
class ItemService(private val itemRepository: ItemRepository) {
    fun getItemsWithUpperCase() = itemRepository.findAll().map {
        it.copy(name = it.name.toUpperCase())
    }
}
```

接使用するケースは少なく、Serviceクラスを介して操作することが一般的です。たとえばitemsテーブル内の全データを、名前を大文字に変えてから返したいという要件が生まれた場合には、ItemServiceクラスを作成し、`getItemsWithUpperCase()`というメソッドを作成します(**リスト3**)。

リスト3の❶の箇所では、`@Service`アノテーションを付与することでBeanを登録します。

単体テストの作成

それでは、このItemServiceクラスについて単体テストを作成しましょう。「src/test」配下に、ItemsServiceTestsクラスを**リスト4**の内容で作成します。

リスト4について順に説明していきます。

リスト4の❶の箇所では、テストクラスに`@SpringBootTest`アノテーションを付与することで、Spring Test[注1]の機能を有効化し、テスト用のアプリケーションコンテクストをロードします。

注1） URL https://docs.spring.io/spring/docs/current/spring-framework-reference/testing.html#testing

リスト4の❷の箇所では、テストを行いたいItemServiceクラスをインジェクションします。なお、インジェクションされるItemServiceインスタンスには、❸で定義しているItemRepositoryのモックインスタンスがインジェクションされています。

リスト4の❸で`@MockkBean`を付与したプロパティは、MockKのモックインスタンスとして生成されます。

リスト4の❹で、テストメソッドにJUnit 5(org.junit.jupiter.api)の`@Test`アノテーションを付与します。

リスト4の❺では、モックインスタンスに値をセットします。この場合、`findAll()`が呼ばれた際に`testItems`を返却します。

リスト4の❻では、`assertEquals()`で期待する値と実際の値を比較します。

リスト4の❼では、MockKの`verify()`関数で任意の関数が呼ばれたかどうかを確認します。

単体テストの実行

それではテストを実行してみます。テストの実行はGradleのtestタスクを実行するか、

リスト4 ItemServiceクラスの単体テスト(src/test/kotlin/com/example/kotlinserversidefunctional/service/ItemsServiceTests.kt)

```
import com.example.kotlinserverside.repository.ItemRepository
import com.example.kotlinserverside.entity.Item
import com.ninjasquad.springmockk.MockkBean
import io.mockk.every
import io.mockk.verify
import org.junit.jupiter.api.Assertions
import org.junit.jupiter.api.Test
import org.springframework.beans.factory.annotation.Autowired
import org.springframework.boot.test.context.SpringBootTest

@SpringBootTest ―❶
class ItemServiceTests(@Autowired private val itemService: ItemService) { ―❷

    @MockkBean private lateinit var mockItemRepository: ItemRepository ―❸

    val testItem1 = Item(id = 1, name = "test1", price = 100)
    val testItem2 = Item(id = 2, name = "test2", price = 200)
    val testItems = listOf(testItem1, testItem2)

    @Test ―❹
    fun testGetItemsWithUpperCase() {
        every { mockItemRepository.findAll() } returns testItems ―❺
        val expectedItem1 = Item(id = 1, name = "TEST1", price = 100)
        val expectedItem2 = Item(id = 2, name = "TEST2", price = 200)
        val expectedItems = listOf(expectedItem1, expectedItem2)

        Assertions.assertEquals(expectedItems, itemService.getItemsWithUpperCase()) ―❻
        verify { mockItemRepository.findAll() } ―❼
    }
}
```

図1 IDEからのテスト実行

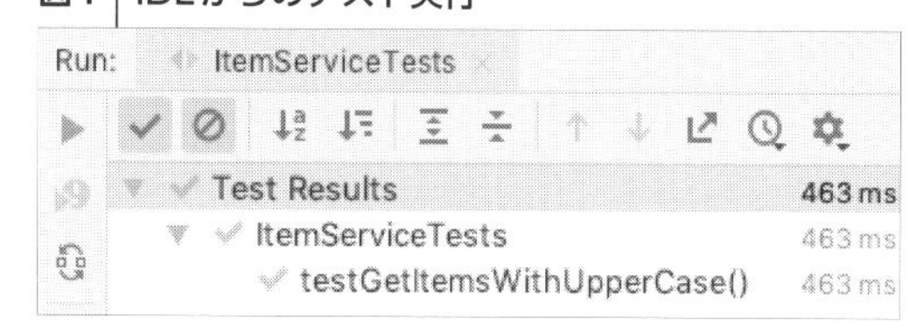

IDE上で各テストクラスまたはテストメソッドの左にある再生アイコンをクリックすることで実行します。IDEから実行すると、結果が**図1**のように分かりやすく表示されます。

コントローラ単体テストの作成

先ほどは、サービスクラスに書いた業務ロジックに対して単体テストを作成しましたが、今度はコントローラの単体テストを作成します。P.68で作成したItemControllerクラスの単体テストとして、ItemControllerTestsクラスを作成します(**リスト5**)。

リスト5の❶では、`@WebFluxTest`アノテーションを付与することで、コントローラ層に関連するBeanのみロードした状態でテストすることができます[注2]。

注2) URL https://docs.spring.io/spring-boot/docs/current/reference/html/boot-features-testing.html#boot-features-testing-spring-boot-applications-testing-autoconfigured-webflux-tests

リスト5 | ItemControllerクラスの単体テスト(src/test/kotlin/com/example/kotlinserversidefunctional/controller/ItemControllerTests.kt)

```
import com.example.kotlinserverside.repository.ItemRepository
import com.example.kotlinserverside.entity.Item
import com.ninjasquad.springmockk.MockkBean
import io.mockk.every
import io.mockk.verify
import org.junit.jupiter.api.DisplayName
import org.junit.jupiter.api.Nested
import org.junit.jupiter.api.Test
import org.springframework.beans.factory.annotation.Autowired
import org.springframework.boot.test.autoconfigure.web.reactive.WebFluxTest
import org.springframework.test.web.reactive.server.WebTestClient

@WebFluxTest —❶
class ItemControllerTests(@Autowired private val webTestClient: WebTestClient) { —❷

    @MockkBean lateinit var mockItemRepository: ItemRepository —❷

    @DisplayName("全件取得") —❸
    @Nested —❹
    inner class GetList {
        private val getListUri = "/items"

        val testItem1 = Item(id = 1, name = "test1", price = 100)
        val testItem2 = Item(id = 2, name = "test2", price = 200)
        val testItems = listOf(testItem1, testItem2)

        @DisplayName("正常系")
        @Test
        fun success() {
            every { mockItemRepository.findAll() } returns testItems

            val expectResponse = """
                [
                    {
                        "id": 1,
                        "name": "test1",
                        "price": 100
                    },
                    {
                        "id": 2,
                        "name": "test2",
                        "price": 200
                    }
                ]
            """.trimIndent()

            webTestClient.get().uri(getListUri).exchange() —❺
                .expectStatus().isOk —❺
                .expectBody().json(expectResponse) —❺
            verify { mockItemRepository.findAll() }
        }
    }
}
```

図2 | テスト階層化と名前の変更

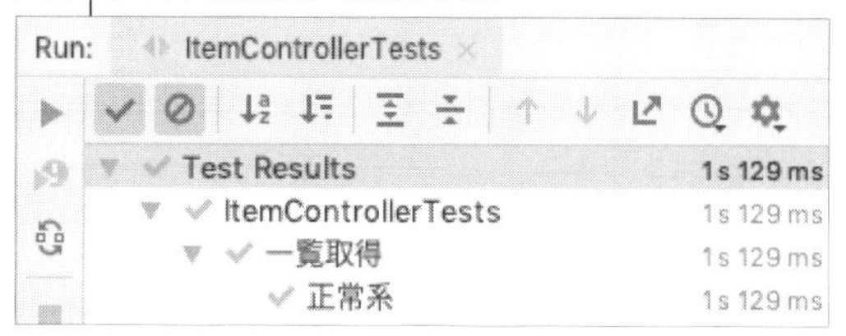

リスト5の❷では、WebTestClientをコンストラクタインジェクションします。このWebTestClientインスタンスを使うことで、MockKインスタンスのmockItemRepositoryがインジェクションされた状態のItemControllerにリクエストを投げることができます。

リスト5の❸のように、JUnit 5で追加された`@DisplayName`アノテーションを使用することで、テスト結果の表示名を分かりやすい名前に変えることができます(**図2**)。

リスト5の❹のように、JUnit 5で追加された`@Nested`アノテーションを使用すると、テストメソッドをinner classごとにひとまとまりにすることができ、テスト結果を表示することができます(**図2**)。

リスト5の❺では、webTestClientインスタンスを用いてItemControllerにリクエストを投げ、レスポンスのステータスやボディをテストしています。

結合テストの作成

続いて結合テストを作成します。今回は、セクション3.1で作成した全件取得のエンドポイントに対して結合テストを書きます。結合テスト内で全件取得のエンドポイントが叩かれると、通常のアプリケーションと同様に、「ItemController.kt → ItemRepository.kt → DB」という流れで処理が進みます。このときに接続されるDBは、P.72「テストにおける設定」で記述した設定に基づきます。

まずはテストメソッドを実行する前に、DBの環境を整えるSQLを作成します。テーブルを新規作成するcreate_table_items.sql(**リスト6**)と、テストデータを挿入するrefresh_data_items.sql(**リスト7**)です。

テストコードは**リスト8**の通りです。

リスト8の❶のように、`@SpringBootTest`

リスト6 | テーブルを新規作成するSQL(src/test/resources/sql/create_table_items.sql)

```
DROP TABLE IF EXISTS items;

CREATE TABLE items (
  id INTEGER AUTO_INCREMENT NOT NULL PRIMARY KEY,
  name VARCHAR(32) NOT NULL,
  price INTEGER NOT NULL
);
```

リスト7 | テストデータを挿入するSQL(src/test/resources/sql/refresh_data_items.sql)

```
DELETE FROM items;

INSERT INTO items (name, price) VALUES ('kiwi', 150);
INSERT INTO items (name, price) VALUES ('cherry', 250);
```

リスト8 結合テストのコード(src/kotlin-server-side/src/test/kotlin/com/example/kotlinserverside/integration/ItemIntegrationTests.kt)

```
import org.junit.jupiter.api.Test
import org.springframework.beans.factory.annotation.Autowired
import org.springframework.boot.test.context.SpringBootTest
import org.springframework.test.context.jdbc.Sql
import org.springframework.test.context.jdbc.SqlGroup
import org.springframework.test.web.reactive.server.WebTestClient

@SpringBootTest(webEnvironment = SpringBootTest.WebEnvironment.RANDOM_PORT) ―❶
@SqlGroup( ―❷
    Sql("classpath:/sql/create_table_items.sql", executionPhase = Sql.ExecutionPhase. ↵
BEFORE_TEST_METHOD),
    Sql("classpath:/sql/refresh_data_items.sql", executionPhase = Sql.ExecutionPhase. ↵
BEFORE_TEST_METHOD)
)
class ItemControllerTests(@Autowired private val webTestClient: WebTestClient) {

    private val getListUri = "/items"

    @Test
    fun testGetList() {
        val expectResponse = """
            [
                {
                    "id": 1,
                    "name": "kiwi",
                    "price": 150
                },
                {
                    "id": 2,
                    "name": "cherry",
                    "price": 250
                }
            ]
        """.trimIndent()

        webTestClient.get().uri(getListUri).exchange()
            .expectStatus().isOk
            .expectBody().json(expectResponse)
    }
}
```

アノテーションに`webEnvironment = SpringBootTest.WebEnvironment.RANDOM_PORT`を渡すことで、ランダムなポートでリクエストを待ち受けるテスト用の組み込みサーバを起動させることができます注3。

注3) URL https://docs.spring.io/spring-boot/docs/current/reference/html/boot-features-testing.html#boot-features-testing-spring-boot-applications

リスト8の❷では、create_table_items.sqlとrefresh_data_items.sqlを各テストメソッド実行前に実行します。

P.74で書いたコントローラの単体テストとテストコードは似ていますが、こちらではモックインスタンスは使用されず、実際のBeanやDBが使用されることに注意しましょう。

本セクションでは、開発には欠かすことのできないテストについて、基本的な実装方法を学びました。コンポーネントを疎結合にすることを心がけ、テストライブラリとモックライブラリの知識を深めることで、あらゆるテストケースに対応できるようになるでしょう。

COLUMN

環境に応じて設定ファイルを切り替える方法

Spring Bootにおいて読み込まれる設定ファイルはapplication.propertiesであるとこれまで説明してきました。さらにSpringには、環境を表すプロファイルというものが存在します。そしてそのプロファイルに応じた設定ファイル(application-{プロファイル名}.properties)が存在する場合、その中の値でapplication.propertiesを上書きします。プロファイルを指定しなかった場合は、application-default.propertiesが読み込まれます。

テスト時に設定ファイルを切り替える方法としては以下の3つが一般的です。

- テスト用のプロファイルを作成し、そのプロファイルに応じたプロパティファイルを作成する。この際、テストクラスに@ActiveProfilesアノテーションを付与するなどの方法でテスト時にだけプロファイルを切り替える必要がある
- src/test/resources配下にプロパティファイルを作成する。ただし、src/main/resources配下のプロパティファイルの値は利用されない
- @TestPropertySourceアノテーションで明示的に使用するプロパティファイルを指定する

3.3 DSLを用いたFunctionalプログラミング

3.1ではアノテーションベースでルーティングとBean登録を行いましたが、本セクションではFunctional(関数型)な実装方法を紹介します。Kotlinは第一級オブジェクトとして関数をサポートしているため、Functionalな記述方法と親和性が高いです。またFunctionalな記述方法は明示的であり、リフレクションやプロキシを必要としないため比較的軽量であるという特徴があります。

Router Functions

Spring WebFluxでは、ルーティングの方法として、`@Controller`や`@RequestMapping`などを使用するアノテーションベースの方法と、Router Functions(WebFlux.fn)注1を使用する方法の2種類があります。

Router Functionsを用いたルーティングの特徴としては、軽量であること、リクエストやレスポンスをイミュータブルに扱うことができるということを挙げることができます。

それでは、P.68で作成したItemControllerクラスを、Router Functionsを使用して書き換えていきましょう。

まずは、ItemControllerクラスのコントローラメソッドに相当し、エンドポイントにアクセスされた場合にどのような処理を行うかまとめたItemHandlerクラスを作成します(**リスト1**)。

リスト1の❶では、ItemHandlerをBeanとして登録します。

リスト1の❷のように、`HandlerFunction`は`ServerRequest`を受け取り、`Mono<ServerResponse>`を返却するように実装します。

リスト1の❸では、ServerRequestからパスパラメータ(id)を取得しています。

リスト1の❹では、`ServerRequest`の`bodyToMono()`メソッドで、`body`の内容を`Mono<Item>`として取得し、❺で`ItemRepository`から受け取った結果を`Mono<ServerResponse>`に変換して返します。

なお、MonoやFluxはReactor注2のPublisher型で、大まかにMonoは1つのデータ、Fluxは複数のデータを表しています。詳しくは公式ドキュメントをご覧ください。

続いて、ルーティングを設定するApiRouterクラスを作成します(**リスト2**)。

リスト2の❶では、RouterFunctionをBeanとして登録し、❷では、ItemHandlerをインジェクションします。

リスト2の❸で、MediaTypeがapplication/jsonかつ、「/items」配下へのリクエストに関してルーティングします。

注1) URL https://docs.spring.io/spring/docs/current/javadoc-api/org/springframework/web/reactive/function/server/RouterFunctions.html

注2) URL https://projectreactor.io/

リスト2の❹では、HTTPメソッドごとに対応させるエンドポイントと、ItemHandlerクラスのメソッドをマッピングしています。

リスト2の❺で、パスパラメータの値をid

リスト1 | ItemHandlerクラス(src/main/kotlin/com/example/kotlinserversidefunctional/handler/ItemHandler.kt)

```
import com.example.kotlinserversidefunctional.repository.ItemRepository
import com.example.kotlinserversidefunctional.entity.Item
import org.springframework.stereotype.Component
import org.springframework.web.reactive.function.server.ServerRequest
import org.springframework.web.reactive.function.server.ServerResponse
import org.springframework.web.reactive.function.server.body
import org.springframework.web.reactive.function.server.bodyToMono
import reactor.core.publisher.Mono

@Component —❶
class ItemHandler(private val itemRepository: ItemRepository) {
    fun getList(request: ServerRequest): Mono<ServerResponse> = ServerResponse —❷
        .ok()
        .body(Mono.just(itemRepository.findAll())) —❺

    fun getById(request: ServerRequest): Mono<ServerResponse> = ServerResponse —❷
        .ok()
        .body(Mono.just(itemRepository.findById(request.pathVariable("id").toInt()))) —❸❺

    fun create(request: ServerRequest): Mono<ServerResponse> { —❷
        val savedItem = request.bodyToMono<Item>().map { itemRepository.save(it) } —❹
        return ServerResponse.ok().body(savedItem) —❺
    }

    fun deleteById(request: ServerRequest): Mono<ServerResponse> { —❷
        itemRepository.deleteById(request.pathVariable("id").toInt()) —❸
        return ServerResponse.noContent().build() —❺
    }
}
```

リスト2 | ApiRouterクラス(src/main/kotlin/com/example/kotlinserversidefunctional/router/ApiRouter.kt)

```
import com.example.kotlinserversidefunctional.handler.ItemHandler
import org.springframework.context.annotation.Bean
import org.springframework.context.annotation.Configuration
import org.springframework.http.MediaType
import org.springframework.web.reactive.function.server.router

@Configuration —❶
class ApiRouter(private val itemHandler: ItemHandler) { —❷
    @Bean —❶
    fun itemRouter() = router {
        ("/items" and accept(MediaType.APPLICATION_JSON)).nest { —❸
            GET("/", itemHandler::getList) —❹
            GET("/{id}", itemHandler::getById) —❹❺
            POST("/", itemHandler::create) —❹
            DELETE("/{id}", itemHandler::deleteById) —❹❺
        }
    }
}
```

という名前でItemHandlerクラスへ渡します。

最後に、ItemControllerクラスをすべてコメントアウトまたは削除しましょう。

以上で、Router Fanctionsを使用した実装は完成です。P.69と同様の手順で動作を確認することができます。

Functional Bean Definitions

セクション3.1では、コンフィギュレーションクラスを使用する、もしくは`@Component`などのアノテーション(ステレオタイプアノテーション)を目印にコンポーネントスキャンを行う方法でBean登録をしていました。

Springからは、ラムダを使用してBeanを登録できるようになりました。このFunctionalな登録方法はリフレクションやCGLIBプロキシを必要としないため、Beanの登録が効率的になります。加えてSpringでは、Kotlin用の**Bean Definition DSL**を提供しており、より宣言的に記述することができます。

なお、自前で登録するBeanに関してはプロキシ作成が不要になるものの、トランザクションやキャッシュなどAOPが関連するライブラリを使用する場合は、依然としてプロキシが必要になります。

それでは、P.79で作成したApiRouterクラスとItemHandlerクラスを、Bean Definition DSLを使用して書き換えていきましょう。まずはItemBeans.ktを作成します(**リスト3**)。

リスト3の❶では、Bean Definition DSLの`bean()`関数で、型引数に渡しているクラスを

リスト3 ItemBeansクラス(src/main/kotlin/com/example/kotlinserversidefunctional/bean/ItemBeans.kt)

```
import com.example.kotlinserversidefunctional.handler.ItemHandler
import com.example.kotlinserversidefunctional.router.ApiRouter
import org.springframework.context.support.beans

fun ItemBeans() = beans {
    bean<ApiRouter>() ―❶
    bean { ref<ApiRouter>().itemRouter() } ―❷
    bean<ItemHandler>() ―❶
}
```

リスト4 イニシャライザにBeanを追加(src/main/kotlin/com/example/kotlinserversidefunctional/KotlinServerSideFunctionalApplication.kt)

```
import com.example.kotlinserversidefunctional.bean.ItemBeans
import org.springframework.boot.autoconfigure.SpringBootApplication
import org.springframework.boot.runApplication

@SpringBootApplication
class KotlinServerSideFunctionalApplication

fun main(args: Array<String>) {
    runApplication<KotlinServerSideFunctionalApplication>(*args) {
        addInitializers(ItemBeans()) ―❶
    }
}
```

リスト5 Bean登録用のアノテーション削除(src/main/kotlin/com/example/kotlinserversidefunctional/router/ApiRouter.kt)

```
// @Configuration ―❶
class ApiRouter(private val itemHandler: ItemHandler) {
    // @Bean ―❶
    fun itemRouter() = router { ... }
}
```

リスト6 Bean登録用のアノテーション削除(src/main/kotlin/com/example/kotlinserversidefunctional/handler/ItemHandler.kt)

```
// @Component ―❶
class ItemHandler(private val itemRepository: ItemRepository) { ... }
```

Bean登録しています。**リスト3**の❷では、`ref()`関数で型パラメータに該当するBeanを取得し、そのBeanのメソッドの戻り値についてもBeanとして登録しています。

続いて、ItemBeans.ktをアプリケーションの初期化設定に組み込みます(**リスト4**)。

リスト4の❶で、アプリケーションの起動時の設定に先ほど作成したBeanを登録します。

最後に、ApiRouter.ktとItemHandler.kt内でBean登録に用いられているアノテーションを削除します(**リスト5**の❶、**リスト6**の❶)。

以上で、Bean DSLを使用した実装が完成しました。こちらもP.69と同様に動作確認することができます。

Coroutineを使用した最新リアクティブアプリケーションの作成

本セクションでは、Kotlin Coroutinesを使用した最新リアクティブアプリケーションの実装を行います。ここで作成するAPIは、WebFluxとSpring 5.2からサポートされたKotlin Coroutinesを使用することで、ブロッキングI/Oで実装されていた従来のAPIと比較し、リクエストごとにスレッドをブロックする必要がなく、サーバリソースを効率的に使用しながらリクエストを捌くことができます。

作成するAPIについて

ここでは、セクション3.1で作成したAPIと同様に、MongoDBのcolorsコレクションに対して表の操作を行うAPIを作成します(**表1**)。

colorsコレクションと初期データは、**リスト1**のコマンドで作成します。

使用するライブラリは**表2**の通りです。DB

表1 | 作成するAPIの機能

概要	リクエストURI	HTTPメソッド	詳細
全件取得	/colors	GET	カラー情報をすべて取得する
詳細取得	/colors/{code}	GET	指定したカラーコードに対応するカラー情報を取得する
新規登録	/colors	POST	カラー情報を新規登録する
削除	/colors/{code}	DELETE	指定したカラーコードに対応するカラー情報を削除する

リスト1 | colorsコレクションと初期データを作成するコマンド

```
db.colors.createIndex( { "code": 1 }, { unique: true } )
db.colors.insertMany([
    { name: "black", code: "000000" },
    { name: "white", code: "ffffff" },
    { name: "red", code: "ff0000" }
])
```

表2 | 本章で使用するライブラリ

名称	URL	バージョン	概要
Spring Boot WebFlux Starter	https://mvnrepository.com/artifact/org.springframework.boot/spring-boot-starter-webflux	2.2.0	Webアプリケーションフレームワーク
Spring Boot Data MongoDB Reactive Starter	https://mvnrepository.com/artifact/org.springframework.boot/spring-boot-starter-data-mongodb-reactive	2.2.0	DBアクセスライブラリ
Kotlinx Coroutines Core	https://mvnrepository.com/artifact/org.jetbrains.kotlinx/kotlinx-coroutines-core	1.3.2	Kotlinの言語機能
Kotlinx Coroutines Reactor	https://mvnrepository.com/artifact/org.jetbrains.kotlinx/kotlinx-coroutines-reactor	1.3.2	CoroutinesとReactorのアダプタ

リスト2｜依存ライブラリの変更(build.gradle.kts)

```
dependencies {
    (略)

    // Data Access
    implementation("org.springframework.boot:spring-boot-starter-data-mongodb-reactive") ―❶

    (略)
}
```

リスト3｜DBの接続情報を設定(src/main/resources/application.properties)

```
spring.data.mongodb.uri=mongodb://localhost:27017/kotlin ―❶
```

アクセスライブラリとして、Spring Boot Data MongoDB Reactive Starterを使用します。こちらはMongoDBのReactive Streams用ドライバを内包しており、ノンブロッキングI/OによりリアクティブなDBアクセスを実現します。

Spring Framework 5.2およびSpring Boot 2.2からCoroutineがサポートされ、WebFluxにおいて前セクションで使用していたようなReactorの型ではなく、DeferredやFlowといったKotlin Coroutinesの型を使用することができます。Coroutineについての詳しい説明は4章に記載していますが、このセクションを読み進めていくにあたり、押さえておきたいポイントは以下の2つです。

・Coroutineは軽量なスレッドのようなもので、処理の中断・再開を実現するものである
・本セクションでは、主にネットワークやDBとのI/O処理が完了するまで処理を中断し、完了時に再開する目的で使用している

依存ライブラリの変更

build.gradle.ktsのdependenciesブロック内のDBアクセスライブラリを、Spring Data MongoDB Reactiveへ変更します(リスト2の❶)。

アプリケーションの設定

P.66と同様に、application.propertiesにDBの情報を記載します(リスト3)。

リスト3の❶で、localhostに用意したMongoDBのkotlinという名前のDBに、ポート番号27017で接続しています。

Colorクラスの作成

Colorクラスを作成します(リスト4)。

リスト4の❶で、ColorクラスをDBのcolorsコレクションとマッピングさせます。

カスタムExceptionの作成

DB操作時に何かしらのエラーが発生した場合に投げるカスタムExceptionを作成します(リスト5)。

リスト4 | Colorクラス(src/main/kotlin/com/example/kotlinserversidereactive/domain/Color.kt)

```
import com.fasterxml.jackson.annotation.JsonIgnore
import org.springframework.data.annotation.Id
import org.springframework.data.mongodb.core.mapping.Document

@Document("colors") —❶
data class Color(
    @Id @JsonIgnore
    val id: String = "",
    val name: String,
    val code: String
)
```

リスト5 | カスタムException(src/main/kotlin/com/example/kotlinserversidereactive/exception/DatabaseOpepationFailureException.kt)

```
class DatabaseOpepationFailureException(message: String = "") : RuntimeException(message)
```

リポジトリの作成

DBのcolorsコレクションを操作するリポジトリクラスを作成します(**リスト6**)。P.68ではインタフェースを作成し、Spring Dataに実装を委譲していましたが、今回はCoroutineに対応したメソッドを自前で作成していきます。

ReactiveMongoTemplateでは、MongoDBのコレクションを操作するためのメソッドが実装されています(**リスト6の❶**)。ReactiveMongoTemplateで受け渡しされるデータはReactorの型となっています。

ReactiveMongoTemplateの`findAll()`メソッドはFlux型で返却されるため、Flow型に変換しています(**リスト6の❷**)。

リスト6の❸では、タイプセーフなQuery DSLを用いて、カラーコードを条件とするクエリを実行しています。

リスト6の❹では、ReactiveMongoTemplateの`awaitFirstOrNull()`メソッドでReactiveMongoTemplateに投げた処理を待ち受け、Reactorの型からKotlinの型に変換します。またこのメソッドはsuspend関数のため、こちらを呼び出すメソッドにはsuspendキーワードを付与しています。このsuspend関数により処理が中断され、ブロッキングすることなくDBへ問い合わせた結果を待ち合わせることができます。

❺では、`awaitFirstOrNull()`で結果としてNullが返却された場合にExceptionを投げています。エルビス演算子によりNullチェックを行っています。

❻では、`awaitFirstOrNull()`で結果としてNull以外のものが返却された場合にExceptionを投げています。安全呼び出しとスコープ関数`let()`を組み合わせてNullチェックを行っています。

コントローラの作成

最後にColorControllerクラスを作成します(**リスト7**)。P.68では行っていませんでしたが、

リスト6 | ColorRepositoryクラス(src/main/kotlin/com/example/kotlinserversidereactive/repository/ColorRepository.kt)

```
import com.example.kotlinserversidereactive.domain.Color
import com.example.kotlinserversidereactive.exception.DatabaseOpepationFailureException
import kotlinx.coroutines.flow.Flow
import kotlinx.coroutines.reactive.asFlow
import kotlinx.coroutines.reactive.awaitFirst
import kotlinx.coroutines.reactive.awaitFirstOrNull
import org.springframework.data.mongodb.core.ReactiveMongoTemplate
import org.springframework.data.mongodb.core.findAll
import org.springframework.data.mongodb.core.findAndRemove
import org.springframework.data.mongodb.core.findOne
import org.springframework.data.mongodb.core.query.Query
import org.springframework.data.mongodb.core.query.isEqualTo
import org.springframework.stereotype.Repository

@Repository
class ColorRepository(private val template: ReactiveMongoTemplate) { ―❶
    fun findAll(): Flow<Color> {
        return template
            .findAll<Color>()
            .asFlow() ―❷
    }

    suspend fun findByCode(code: String): Color {
        return template
            .findOne<Color>(Query(Color::code isEqualTo code)) ―❸
            .awaitFirstOrNull() ―❹
            ?: throw DatabaseOpepationFailureException("[詳細取得失敗]カラーコードがDBに存在しません") ―❺
    }

    suspend fun save(color: Color): Color {
        template.findOne<Color>(Query(Color::code isEqualTo color.code)) ―❸
            .awaitFirstOrNull() ―❹
            ?.let { throw DatabaseOpepationFailureException("[作成失敗]同じカラーコードがすでに存在して ⏎
います") } ―❻
        return template
            .save(color)
            .awaitFirst()
    }

    suspend fun daleteByCode(code: String) {
        template
            .findAndRemove<Color>(Query(Color::code isEqualTo code)) ―❸
            .awaitFirstOrNull() ―❹
            ?: throw IllegalArgumentException("[削除失敗]カラーコードがDBに存在しません") ―❺
    }
}
```

今回はColorRepositoryで発生するExceptionをハンドリングするメソッドを追加しています。

DatabaseOpepationFailureExceptionが発生した場合に、こちらの`handleDatabaseOpepationFailureException()`メソッドが呼ばれます(**リスト7**の❶)。

リスト7 | ColorControllerクラス(src/main/kotlin/com/example/kotlinserversidereactive/controller/ColorController.kt)

```
import com.example.kotlinserversidereactive.domain.Color
import com.example.kotlinserversidereactive.repository.ColorRepository
import com.example.kotlinserversidereactive.exception.DatabaseOpepationFailureException
import kotlinx.coroutines.flow.Flow
import org.springframework.web.bind.annotation.DeleteMapping
import org.springframework.web.bind.annotation.ExceptionHandler
import org.springframework.web.bind.annotation.GetMapping
import org.springframework.web.bind.annotation.PathVariable
import org.springframework.web.bind.annotation.PostMapping
import org.springframework.web.bind.annotation.RequestBody
import org.springframework.web.bind.annotation.RestController

@RestController
class ColorController(private val colorRepository: ColorRepository) {
    @GetMapping("/colors")
    fun getAll(): Flow<Color> = colorRepository.findAll()

    @GetMapping("/colors/{code}")
    suspend fun getByCode(@PathVariable code: String) = colorRepository.findByCode(code)

    @PostMapping("/colors")
    suspend fun post(@RequestBody color: Color) = colorRepository.save(color)

    @DeleteMapping("/colors/{code}")
    suspend fun delete(@PathVariable code: String) = colorRepository.daleteByCode(code)

    @ExceptionHandler(DatabaseOpepationFailureException::class) ―❶
    fun handleDatabaseOpepationFailureException(exception: DatabaseOpepationFailure ↙
Exception) = "リクエストに誤りがあります: ${exception.message}"
}
```

動作確認

それでは動作確認を行います。図1〜図6のようにコマンドを実行してみましょう。

リクエストでAcceptヘッダを指定せず、application/jsonでレスポンスを受け取っています。全件取得②では、リクエストでAcceptヘッダにapplication/stream+jsonを指定し、JSON Streamとして結果を受け取っています。

図1 | 新規作成

```
$ curl -X POST -H 'Content-Type: application/json' -d '{"name": "blue", "code": "0000ff"}'
localhost:8080/colors
{"name":"blue","code":"0000ff"}
```

図2 | 全件取得①

```
$ curl -X GET localhost:8080/colors
[{"name":"black","code":"000000"},{"name":"white","code":"ffffff"},{"name":"red","code"
:"ff0000"},{"name":"blue","code":"0000ff"}]
```

図3 全件取得②

```
$ curl -X GET localhost:8080/colors -H 'Accept: application/stream+json'
{"name":"black","code":"000000"}
{"name":"white","code":"ffffff"}
{"name":"red","code":"ff0000"}
{"name":"blue","code":"0000ff"}
```

図4 詳細取得

```
$ curl -X GET localhost:8080/colors/ffffff
{"name":"white","code":"ffffff"}
```

図5 削除

```
$ curl -X DELETE localhost:8080/colors/ffffff
```

図6 Exception(例外)

```
$ curl -X GET localhost:8080/colors/ffffff
リクエストに誤りがあります: [詳細取得失敗]カラーコードがDBに存在しません
```

以上で、Coroutineを使用した最新リアクティブアプリケーションが完成しました。セクション3.1で作成したAPIと比較しても、これまでの実装方法と大きな変更点はなく、スムーズにCoroutineを導入できるように設計されていることがお分かりいただけたかと思います。

今回はリアクティブアプリケーションのDBにNoSQLを使用しましたが、RDBを使用したい場合にもJasync SQL[注1]などのノンブロッキングI/Oに対応したドライバと、R2DBC[注2]などのリアクティブAPIに対応したDBアクセスライブラリを使用する必要があります。

3章のまとめ

3.1では、CRUDを提供するシンプルなWeb APIを題材とし、Springの各種ライブラリの概要や、プロジェクトの作成方法を説明した後、Kotlinでサーバサイドアプリケーションを開発する基本的な方法を学びました。

3.2では、Kotlin、Spring、JUnit 5、MockKを組み合わせ、単体・結合テストをどのように書いていくのか学びました。

3.3では、よりKotlinらしく、DSLを用いてFunctionalな実装方法を学びました。

3.4では、Coroutineに対応した最新のリアクティブアプリケーションの実装方法について学びました。

注1) URL https://mvnrepository.com/artifact/com.github.jasync-sql/jasync-mysql
注2) URL https://r2dbc.io/

愛澤 萌 *Moyuru Aizawa*
4.1の執筆を担当
Twitter ▶ @MoyuruAizawa
GitHub ▶ MoyuruAizawa
Web ▶ https://moyuru.io

荒谷 光 *Akira Aratani*
4.2、4.3の執筆を担当
Mail ▶ contact@aakira.app
Twitter ▶ @_a_akira
GitHub ▶ AAkira
Web ▶ https://aakira.app

実践Kotlin開発最新情報

Kotlin 1.3から安定版となったKotlin Coroutines(コルーチン)、Kotlin 1.3からベータ版となったKotlin/Native、Kotlin/JSを始めとしたKotlin Multiplatform Projectなど、Kotlinは新しい機能をプレビューの段階からExperimental APIとしていち早く開発者に届け、フィードバックを反映することで成長を続けてきました。

本章では、今Kotlinで最も注目されている最新の機能について紹介します。前半部分ではコルーチンを実際のプロダクトで使う際に注意すべき点や実践的な使い方を具体的なコードを示しながら説明し、後半部分ではKotlin Multiplatform Projectについて、これまでのクロスプラットフォーム開発との違いや、メリット・デメリットを説明しながら、簡単なマルチプラットフォームプロジェクトのサンプルを実際に作っていきます。

4.1 Coroutineを使った非同期処理入門

このセクションでは、コルーチン(Coroutine)を使った非同期処理の基本と実践について解説します。コルーチンを使用することで、スレッドをブロックすることなく処理を中断・再開することが可能になります。コルーチンには、スレッドの起動と比べて起動のオーバーヘッドが少なく、メモリ使用量も少ないというメリットがあります。ぜひ本稿を参考に、コルーチンの使い方を身に付けてください。

コルーチンとは

コルーチン(Coroutine。以降、本稿ではコルーチンと表記します)とは、スレッドをブロックすることなく、計算処理を中断・再開することが可能なインスタンスです。

たとえば2つの非同期処理の両方が完了してから続けて何かの処理を実行したい場合、それらの非同期処理の完了を待つためにはスレッドをブロックする必要があります。しかし、コルーチンの場合は、2つの非同期処理が完了するまでその計算処理インスタンスを中断するだけなのでスレッドをブロックしません。

また、中断と再開が可能なことにより、複数の非同期処理を待ち合わせたり、逐次的に実行するためのコールバックによる制御などを必要としないため、同期的なプログラミングのコードと同様に記述することが可能になります。

さらに、コルーチンの起動はスレッドの起動に比べてオーバーヘッドが少なく、メモリの使用量も少ないといった利点があります。

コルーチンの導入

コルーチンを利用するには、後述するコルーチンビルダーなどが含まれるライブラリをインストールする必要があります。**リスト1**、**リスト2**を参考に各々の環境にライブラリをインス

リスト1 | Gradle環境へのライブラリのインストール

```
dependencies {
    implementation 'org.jetbrains.kotlinx:kotlinx-coroutines-core:1.3.2'
}
```

リスト2 | Maven環境へのライブラリのインストール

```
<dependency>
    <groupId>org.jetbrains.kotlinx</groupId>
    <artifactId>kotlinx-coroutines-core</artifactId>
    <version>1.3.2</version>
</dependency>
```

トールしてください。

コルーチンビルダーでコルーチンを起動する

まずは簡単な処理をコルーチンを使って実装してみましょう。

コルーチンを起動するには、コルーチンスコープ内で**コルーチンビルダー**と呼ばれる関数を使用します。自分でCoroutineScopeインタフェースの実装クラスを用意して使用することも可能ですが、ここではまず**kotlinx.coroutines**で提供されている「GlobalScope」を例とします。

GlobalScopeでコルーチンを起動すると、そのライフタイムはアプリケーションと同等になります。CoroutineScopeには、拡張関数としてlaunchというコルーチンビルダーが提供されているので、GlobalScope#launchを使用してコルーチンを起動してみましょう(**リスト3**)。

リスト3 コルーチンの起動(参考：https://kotlinlang.org/docs/reference/coroutines/basics.html#coroutine-basics)

```
import kotlinx.coroutines.GlobalScope
import kotlinx.coroutines.delay
import kotlinx.coroutines.launch

fun main() {
    GlobalScope.launch {
        delay(1000)
        println("World!")
    }
    println("Hello,")
    Thread.sleep(2000) // JVMの終了を防ぐ
}
```

実行結果

```
Hello,
World!
```

GlobalScope#launchで起動したコルーチンは、まずdelayによって1秒間中断されます。コルーチンは通常、起動元のスレッドとは非同期に実行されるので、delayによって中断されている間に「Hello,」が出力されます。1秒後、delayによって中断されていたコルーチンが再開し、「World!」が出力されます。

さて、ここで一度GlobalScope.launch{ ... }をthread { ... }に、delay(...)をThread.sleep(...)に置き換えて実行してみましょう(**リスト4**)。**リスト3**のコルーチンの例と同様の実行結果が得られます。

リスト4 Thread.sleepを使ったコード

```
import kotlin.concurrent.thread

fun main() {
    thread {
        Thread.sleep(1000)
        println("World!")
    }
    println("Hello,")
    Thread.sleep(2000) // JVMの終了を防ぐ
}
```

実行結果

```
Hello,
World!
```

次に、thread { ... }内のThread.sleep(...)をdelay(...)に戻して実行してみましょう(**リスト5**)。

すると、実行結果のようなコンパイルエラーが発生するはずです。

delayのようなスレッドをブロックせず、コルーチンを中断することが可能な関数を**サスペンド(suspend)関数**といい、コルーチンまたはサスペンド関数内からのみ呼ぶことができる

リスト5 | リスト4のThread.sleepをdelayにしたコード

```
import kotlinx.coroutines.delay
import kotlin.concurrent.thread

fun main() {
    thread {
        delay(1000)
        println("World!")
    }
    println("Hello,")
    Thread.sleep(2000) // JVMの終了を防ぐ
}
```

実行結果

```
Error:(6, 8) Suspend function 'delay'
should be called only from a coroutine
or another suspend function
```

という制約があるため、このようなエラーが発生します。

サスペンド関数

リスト6のコードのGlobalScope.launch { ... }内を関数化して抽出してみましょう。前項で述べた通り、delayのようなサスペンド関数はコルーチンまたはサスペンド関数内からしか呼ぶことができないので、コルーチン内の処理を関数化する場合にはサスペンド関数として抽出する必要があります。

サスペンド関数を実装するのは簡単で、funキーワードの前にsuspend修飾子を置くだけです。suspend修飾子を使用してコルーチン内の処理をprintWorld関数として抽出したのが、リスト7です。

リスト6 | サスペンド関数を利用する前のコード

```
import kotlinx.coroutines.GlobalScope
import kotlinx.coroutines.delay
import kotlinx.coroutines.launch

fun main() {
    GlobalScope.launch {
        delay(1000)
        println("World!")
    }
    println("Hello,")
    Thread.sleep(2000) // JVMの終了を防ぐ
}
```

リスト7 | サスペンド関数を使って実装したコード

```
import kotlinx.coroutines.GlobalScope
import kotlinx.coroutines.delay
import kotlinx.coroutines.launch

fun main() {
    GlobalScope.launch { printWorld() }
    println("Hello,")
    Thread.sleep(2000) // JVMの終了を防ぐ
}

suspend fun printWorld() {
    delay(1000)
    println("World!")
}
```

コルーチンを同期的に利用

コルーチンは通常、呼び出し元のスレッドとは異なるスレッドで実行されますが、これを呼び出し元のスレッドと同じスレッド、かつそのスレッドをブロックするような形で使用することも可能です。ここまでの例では、コルーチンの動作中にmain関数が終了するのを防ぐためにThread#sleepを使用してスレッドを停止させていましたが、これをrunBlockingとdelayを使用して書き換えてみましょう(リスト8)。

runBlockingを使用してコルーチンを起動すると、runBlockingを呼び出したスレッドはそのコルーチンの処理が完了するまでブロックされます。よって、通常であればdelayによってコルーチンが中断されても、スレッドがブロッ

リスト8 リスト7をrunBlockingとdelayを使って書き換えたコード

```
import kotlinx.coroutines.GlobalScope
import kotlinx.coroutines.delay
import kotlinx.coroutines.launch
import kotlinx.coroutines.runBlocking

fun main() = runBlocking<Unit> {
    GlobalScope.launch { printWorld() }
    println("Hello,")
    delay(2000) // JVMの終了を防ぐ
}

suspend fun printWorld() {
    delay(1000)
    println("World!")
}
```

クされることはありませんが、`runBlocking`ではスレッドがブロックされます。

アプリケーションのプロダクションコードを実装する中で、`runBlocking`を使用する状況はあまりないと思いますが、サスペンド関数のテストコードを書く際に重要です。テストコードでの活用事例は、P.104の「コルーチンのテストコードを書く」で紹介します。

コルーチンのスレッド

コルーチンが起動されるスレッドは、CoroutineDispatcherによって決定されます。コルーチンビルダーにCoroutineDispatcherを渡すことで、どういったスレッドでコルーチンを起動してほしいのか指定することが可能です。

`kotlin.coroutines`には、いくつかのCoroutineDispatcherがあらかじめ用意されています(**表1**)。

リスト9のコードで、各コルーチンが起動されるスレッドを確認してみましょう。

Dispatchers.DefaultとDispatchers.IOは同じスレッドプールのスレッドで起動され、Dispatchers.Unconfinedは呼び出し元のスレッドを引き継ぎますが、サスペンド関数によってスレッドが変更されることが分かります。

しかし、Dispatchers.Mainによるコルーチンの起動は例外が発生してしまいました。Dispatchers.MainはGUIアプリケーションフレームワークに依存しているため、使用するには**表2**のライブラリへの依存を解決する必要があります。

コルーチンのキャンセル

Jobを使用したコルーチンのキャンセル

コルーチンビルダー`launch`は、実際にはCoroutineScopeに対する拡張関数として実装

表2 Dispatchers.Mainが依存するライブラリ

フレームワーク	ライブラリ
Android	kotlinx-coroutines-android
JavaFX	kotlinx-coroutines-javafx
Swing	kotlinx-coroutines-swing

表1 あらかじめ用意されているCoroutineDispatcher

CoroutineDispatcher	特徴
Dispatchers.Default	デフォルトで使用され、共有スレッドプールから適当なスレッドが割り当てられる
Dispatchers.Main	アプリケーションのUIスレッドが割り当てられる
Dispatchers.Unconfined	特定のスレッドに制限されない。最初にコルーチンビルダーを使用したスレッドが引き継がれるが、サスペンド関数を利用するとその関数によってスレッドが変わる
Dispatchers.IO	Defaultと共有のスレッドプールでブロッキングIO処理を実行するのに使用する

リスト9 | コルーチンが起動されるスレッドの確認

```
import kotlinx.coroutines.Dispatchers
import kotlinx.coroutines.GlobalScope
import kotlinx.coroutines.delay
import kotlinx.coroutines.launch

fun main() {
    println("Caller: ${Thread.currentThread().name}")
    GlobalScope.launch(Dispatchers.Default) {
        println("Default: ${Thread.currentThread().name}")
    }
    Thread.sleep(500)
    GlobalScope.launch(Dispatchers.IO) {
        println("IO: ${Thread.currentThread().name}")
    }
    Thread.sleep(500)
    GlobalScope.launch(Dispatchers.Unconfined) {
        println("Unconfined-1: ${Thread.currentThread().name}")
        delay(200)
        println("Unconfined-2: ${Thread.currentThread().name}")
    }
    Thread.sleep(500)
    GlobalScope.launch(Dispatchers.Main) {
        println("Main: ${Thread.currentThread().name}")
    }
    Thread.sleep(500)
}
```

実行結果

```
Caller: main
Default: DefaultDispatcher-worker-1
IO: DefaultDispatcher-worker-1
Unconfined-1: main
Unconfined-2: kotlinx.coroutines.DefaultExecutor
Exception in thread "main" java.lang.IllegalStateException: Module with the Main dispatcher
is missing. Add dependency providing the Main dispatcher, e.g. 'kotlinx-coroutines-android'

(略)
```

リスト10 | コルーチンビルダー launchの実装

```
public fun CoroutineScope.launch(
    context: CoroutineContext = EmptyCoroutineContext,
    start: CoroutineStart = CoroutineStart.DEFAULT,
    block: suspend CoroutineScope.() -> Unit
): Job
```

されています(**リスト10**)。launchの返り値はJobとなっており、Job#cancelを使用することで、コルーチンをキャンセルすることが可能です。

キャンセルの伝播

GlobalScope#launchでコルーチンを起動し、その中でthis.launchを使用して別のコルーチンを起動しました(**リスト11**)。ここでのthisは、CoroutineScopeとなっており、

リスト11 | コルーチンのキャンセルが伝播する

```
import kotlinx.coroutines.GlobalScope
import kotlinx.coroutines.delay
import kotlinx.coroutines.launch

fun main() {
    val job = GlobalScope.launch {
        launch {
            delay(1000)
            println("World!")
        }
    }
    job.cancel()
    println("Hello")
}
```

実行結果

```
Hello,
```

`this.launch`を使用することで外側のコルーチンとCoroutineScopeを共有することが可能になり、コルーチンのキャンセルが伝搬するようになっています。そのため、「World!」は出力されません。

次に、**リスト12**のように`GlobalScope#launch`を使用して別のコルーチンを起動してみました。GlobalScopeを使用すると、外側のコルーチンのCoroutineScope外になるため、外側のコルーチンのキャンセルが伝搬しません。そのため、「World!」が出力されます。

リスト12 | GlobalScopeを使用してキャンセルの伝播を制御

```
import kotlinx.coroutines.GlobalScope
import kotlinx.coroutines.delay
import kotlinx.coroutines.launch

fun main() {
    val job = GlobalScope.launch {
        GlobalScope.launch {
            delay(1000)
            println("World!")
        }
    }
    job.cancel()
    println("Hello")
}
```

実行結果

```
Hello,
World!
```

キャンセルのハンドリング

リスト13は、0.5秒毎に1から5までの数字を出力するコルーチンを起動し、直後にキャンセルするコードです。しかし、このコードを実行してみるとキャンセル後も数字が出力されており、コルーチンのキャンセルが正しく行われていないことが分かります。

コルーチンをキャンセルするためには、コルーチン内でキャンセルをハンドリングする必要があります(**リスト14**)。

コルーチン内で`delay`などのキャンセルに対応したサスペンド関数を使用していれば、そのサスペンド関数がCancellationExceptionをスローし、コルーチンはそこで正しくキャンセルされます。そのような関数を使用していない場合は、`isActive`を使用してコルーチンがアクティブかどうかをチェックすると良いでしょう。**リスト14**を実行すると、コルーチンのキャンセル後には数字が出力されず、コルーチンのキャンセルが正しく行われていることが分かります。

CoroutineScopeとコルーチンのライフタイム

ここまでのサンプルコードでは、主にGlobalScopeを使用してきました。しかし、実際にアプリケーションを実装する際には、Global

リスト13 Jobを利用したコルーチンのキャンセル(参考：https://kotlinlang.org/docs/reference/coroutines/cancellation-and-timeouts.html#cancellation-is-cooperative)

```
import kotlinx.coroutines.Dispatchers
import kotlinx.coroutines.delay
import kotlinx.coroutines.launch
import kotlinx.coroutines.runBlocking
fun main() = runBlocking<Unit> {
    val job = launch(Dispatchers.Default) {
        val time = System.currentTimeMillis()
        var i = 1
        while (i <= 5) {
            if (System.currentTimeMillis() > time + i * 500) {
                println(i++)
            }
        }
    }
    job.cancel()
    println("canceled")
}
```

実行結果

```
canceled
1
2
3
4
5
```

リスト14 コルーチン内でキャンセルをハンドリング

```
import kotlinx.coroutines.Dispatchers
import kotlinx.coroutines.delay
import kotlinx.coroutines.isActive
import kotlinx.coroutines.launch
import kotlinx.coroutines.runBlocking
 fun main() = runBlocking<Unit> {
    val job = launch(Dispatchers.Default) {
        val time = System.currentTimeMillis()
        var i = 1
        while (i <= 5 && isActive) {
            if (System.currentTimeMillis() > time + i * 500) {
                println(i++)
            }
        }
    }
    job.cancel()
    println("canceled")
}
```

Scopeは使うべきではないでしょう。アプリケーションが**リスト15**のような固有のライフサイクルを持ったオブジェクトを扱っている場合を考えてみましょう。

では、Lifecycle#onCreate内でGlobalScopeを使用して、1秒毎に0から4までの数字を出力するコードを実装し、Lifecycle#onCreateとLifecycle#onDestroyを呼んでみましょう(**リスト16、17**)。

Lifecycle#onDestroyにてコルーチンをキャンセルしていないため、Lifecycle#onDestroy後もコルーチンが起動したままになっていることが分かります。

Lifecycle#onCreateからLifecycle#onDestroyまでの間のみアクセス可能な機能が存在すると仮定した場合、このコルーチン

リスト15 固有のライフサイクルを持ったオブジェクトの例

```
class Lifecycle {
    fun onCreate() {
    }

    fun onDestroy() {
    }
}
```

リスト17 Lifecycle#onCreateとLifecycle#onDestroyを呼び出す

```
val lifecycle = Lifecycle()
lifecycle.onCreate()
lifecycle.onDestroy()
```

実行結果

```
onCreate
onDestroy
0
1
2
3
4
```

の中からその機能にアクセスすると、このアプリケーションは予期せぬクラッシュや挙動を引き起こすでしょう。挙動などに問題がなかったとしても、コルーチンのキャンセル漏れはメモリを無駄に占有しますし、処理によっては無駄な通信やディスクアクセスを行うこともあるでしょう。

こういった固有のライフサイクルを持ったオブジェクト内でコルーチンを扱う場合には、ライフサイクルに沿ったCoroutineScopeを実装してコルーチンを管理しましょう(**リスト18**)。

Lifecycleに、CoroutineScopeインタフェースを実装しました。CoroutineScopeにはCoroutineContextのプロパティのみが定義されています。

Lifecycleはプロパティとしてjobを持ち、

リスト16 1秒毎に0から4までの数字を出力

```
class Lifecycle {
    fun onCreate() {
        println("onCreate")
        GlobalScope.launch {
            (0 until 5).forEach {
                delay(1000)
                println(it)
            }
        }
    }
    fun onDestroy() {
        println("onDestroy")
    }
}
```

リスト18 ライフサイクルに沿ったコルーチンの実装

```
import kotlinx.coroutines.CoroutineScope
import kotlinx.coroutines.Job
import kotlinx.coroutines.cancel
import kotlinx.coroutines.delay
import kotlinx.coroutines.launch
import kotlin.coroutines.CoroutineContext

class Lifecycle: CoroutineScope {
    private lateinit var job: Job
    override val coroutineContext: ◪
CoroutineContext
        get() = job

    fun onCreate() {
        println("onCreate")
        job = SupervisorJob()
        launch {
            (0 until 5).forEach {
                delay(1000)
                println(it)
            }
        }
    }
    fun onDestroy() {
        cancel()
        println("onDestroy")
    }
}
```

これをLifecycle#coroutineContextのgetアクセサで返すようにしました。

jobはLifecycle#onCreateでインスタンスを生成しています。そして、GlobalScopeではなくthis#launch(ここでのthisはLife

リスト19 Channelを使ったメッセージのやり取り(参考：https://kotlinlang.org/docs/reference/coroutines/channels.html#channel-basics)

```
import kotlinx.coroutines.channels.Channel
import kotlinx.coroutines.launch
import kotlinx.coroutines.runBlocking

fun main() = runBlocking<Unit> {
    val channel = Channel<Int>()
    launch {
        (1..5).forEach { channel.send(it) }
    }

    repeat(2) { println(channel.receive()) }
    println("Done")

}
```

実行結果

```
1
2
Done
```

cycleが実装したCoroutineScopeそのもの)を使用してコルーチンを起動するように変更しました。こうすることで、コルーチンはLifecycleのライフサイクルに沿ったCoroutineScopeにおいて起動されるため、`Lifecycle#onDestroy`とともにコルーチンも終了します。

さて、実際のアプリケーション開発においては同一のCoroutineScope内で複数のコルーチンを起動することがあると思います。そういった場合には`Job`ではなく、`SupervisourJob`を使用してCoroutineScopeを実装することをおすすめします。`Job`を使用してCoroutineScopeを実装した場合、あるコルーチンで例外が発生すると同一CoroutineScope内のコルーチンすべてがキャンセルされます。一方で`SupervisourJob`の場合は親子関係にあるコルーチンはキャンセルされるものの、それ以外のコルーチンはキャンセルされません。

コルーチン間でのメッセージのやり取り

ホットストリームによるメッセージのやり取り

Channelを使うと、BlockingQueueがスレッド間でメッセージをやり取りするように、コルーチン間でメッセージをやり取りすることが可能になります。

`Channel#send`で、BlockingQueue#putのようにメッセージの送信、`Channel#receive`でBlockingQueue#takeのようにメッセージを受け取ります。BlockingQueueとは違い、スレッドをブロックすることなく、コルーチンを中断することでメッセージを受け取ることが可能です(リスト19)。

リスト19ではメッセージを2回受け取るように記述していますが、実際には受け取るメッセージの数が分からないケースや、受信しただけ逐次受け取りたいケースが存在します。その時はChannelに対してforループを利用することで実現が可能となります(リスト20)。Channelをforに渡すとChannelからのメッセージをイテレートしていきますが、Channelからのメッセージを捌き切ると次のメッセージがくるまでforループは中断されます。Channelはホットなストリームなので`Channel#close`でChannelがcloseされるまで、メッセージがくる可能性があるからです。そのため、Channelは必要がなくなったらcloseし忘れないでください。

リスト20のコードは、リスト21のように`produce`と`consume`を使って書き換えることも可能です。

コールドストリームによるメッセージのやり取り

Channelとは別にFlowというクラスもあります。こちらはコールドなストリームでflowを使って起動することが可能です。まずはChannelとFlowそれぞれを比べてみましょう(リスト22、23)。

Channelは、Channel#consumeEachでメッセージを受け取り始めるより前にメッセージの送信が始まっていますが、FlowはFlow#collectでメッセージを受け取り始めてからメッセージの送信が始まっています。

Channelが、メッセージの受け手の有無によらずにメッセージの送信を行うホットストリームなのに対して、Flowはメッセージの受け手

リスト20 | Channelとforループの組み合わせ

```
import kotlinx.coroutines.channels.Channel
import kotlinx.coroutines.launch
import kotlinx.coroutines.runBlocking

fun main() = runBlocking<Unit> {
    val channel = Channel<Int>()
    launch {
        (1..5).forEach { channel.send(it) }
        channel.close()
    }

    for (i in channel) {
        println(i)
    }
    println("Done")
}
```

実行結果

```
1
2
3
4
5
Done
```

リスト21 | リスト20をproduceとconsumeを使って書き換え

```
import kotlinx.coroutines.channels.consumeEach
import kotlinx.coroutines.channels.produce
import kotlinx.coroutines.runBlocking

fun main() = runBlocking<Unit> {
    val channel = produce { (1..5).forEach { send(it) } }
    channel.consumeEach { println(it) }
    println("Done")
}
```

リスト22 | Channelを使ったコード①

```
import kotlinx.coroutines.channels.consumeEach
import kotlinx.coroutines.channels.produce
import kotlinx.coroutines.delay
import kotlinx.coroutines.runBlocking

fun main() = runBlocking<Unit> {
    val channel = produce(capacity = 5) {
        (1..5).forEach {
            println("send $it")
            send(it)
        }
    }
    delay(500)
    println("consumeEach")
    channel.consumeEach { println("consume $it") }
    println("Done")
}
```

実行結果

```
send 1
send 2
send 3
send 4
send 5
consumeEach
consume 1
consume 2
consume 3
consume 4
consume 5
Done
```

リスト23 | Flowを使ったコード①

```
import kotlinx.coroutines.delay
import kotlinx.coroutines.flow.collect
import kotlinx.coroutines.flow.flow
import kotlinx.coroutines.runBlocking

fun main() = runBlocking<Unit> {
    val flow = flow {
        (1..5).forEach {
            println("emit $it")
            emit(it)
        }
    }
    delay(500)
    println("collect")
    flow.collect { println("collect $it") }
    println("Done")
}
```

実行結果

```
collect
emit 1
collect 1
emit 2
collect 2
emit 3
collect 3
emit 4
collect 4
emit 5
collect 5
Done
```

リスト24 | Channelを使ったコード②

```
import kotlinx.coroutines.channels.consumeEach
import kotlinx.coroutines.channels.produce
import kotlinx.coroutines.runBlocking

suspend fun main() = runBlocking<Unit> {
    val channel = produce(capacity = 5) {
        for (i in 1..5) {
            println("send $i")
            send(i)
        }
    }
    channel.consumeEach {
        println("consume $it")
    }
}
```

実行結果

```
send 1
send 2
send 3
send 4
send 5
consume 1
consume 2
consume 3
consume 4
consume 5
```

が現れてから送信を始めるコールドストリームということが分かります。

次に、**リスト24**と**リスト25**のコードを実行して比べてみましょう。

Channelがメッセージの消費を待たずして次のメッセージ送信を行っているのに対して、Flowはメッセージが消費されてから次のメッセージを送信しています。このように、Flowはメッセージの送信と消費が必ずシーケンシャルになるように設計されています。

コルーチンで逐次処理を行う

リスト26のように、2秒かかる計算をしたあとに結果を返す関数と、3秒かかる計算をしたあとに結果を返す関数があるとします。この例では2秒後に「Hello,」を返す関数と、3秒後に「World!」を返す関数を実装しました。

リスト27では、**リスト26**の関数を順番に呼び出したあとに、それぞれから返却された文字列を出力するコードを実装しました。このコードを実行すると、5秒後に結果が出力され

リスト25 | Flowを使ったコード②

```
import kotlinx.coroutines.flow.collect
import kotlinx.coroutines.flow.flow
import kotlinx.coroutines.runBlocking

suspend fun main() = runBlocking<Unit> {
    val flow = flow {
        for (i in 1..5) {
            println("emit $i")
            emit(i)
        }
    }
    flow.collect {
        println("collect $it")
    }
}
```

実行結果

```
emit 1
collect 1
emit 2
collect 2
emit 3
collect 3
emit 4
collect 4
emit 5
collect 5
```

リスト26 | 2秒後に「Hello,」を返す関数と3秒後に「World!」を返す関数

```
import kotlinx.coroutines.delay

suspend fun hello(): String {
    delay(2000)
    return "Hello,"
}

suspend fun world(): String {
    delay(3000)
    return "World!"
}
```

ます。このようにサスペンド関数を逐次的に呼び出せば、それぞれが逐次的に実行されます。

リスト27 | コルーチンでの逐次処理

```
// あるCoroutineScope下にあるとする
launch {
    val hello = hello()
    val world = world()
    println(hello)
    println(world)
}
```

リスト28 | コルーチンでの並列処理

```
// あるCoroutineScope下にあるとする
launch {
    val hello = async { hello() }
    val world = async { world() }
    println(hello.await() + world.await())
}
```

コルーチンで並列処理を行う

リスト27では、すべての結果を得て出力するのに約5秒かかりましたが、すべてを並列処理すればより早く結果を出力することが可能になるでしょう。このような場合、asyncというコルーチンビルダーが便利です。

asyncはlaunchに似ていますが、返り値はDeferred<T>となっており、Deferred#awaitを実行することでコルーチンはasyncの計算が完了するまで中断され、計算結果を取得するとともにコルーチンが再開されます。

リスト28のように、asyncを使用してhello関数とworld関数を並列処理するコードを実装しました。このコードを実行すると、約3秒後に結果が出力されます。このように、asyncとawaitを使用することで、コルーチンを並列処理することが可能です。

コールバックからコルーチンへ

リスト29は、ログインしてコールバックで

リスト29 | コールバックがネストしたコード

```
fun loginAsync(onSuccess: (Token) -> Unit, onError: (Throwable) -> Unit) {
    // ログインしてTokenをコールバックで返す
}

fun fetchUserAsync(token: Token, onSuccess: (User) -> Unit, onError: (Throwable) -> Unit) {
    // ユーザー情報を取得してコールバックで返す
}

fun likeAsync(token: Token, user: User, onSuccess: (User) -> Unit, onError: (Throwable) -> Unit) {
    // ユーザーにいいねをして結果をコールバックで返す
}

loginAsync(
    onSuccess = { token: Token ->
        fetchUserAsync(token,
            onSuccess = { user ->
                likeAsync(token, user,
                    onSuccess = {

                    },
                    onError = { throwable -> handleError(throwable) })
            },
            onError = { throwable -> handleError(throwable) })
    },
    onError = { throwable -> handleError(throwable) })
```

Tokenを取得し、ユーザー情報をコールバックで取得したあとにいいねを行うコードです。非同期処理の結果をコールバックによって受け取る手法はよくありますが、コールバックがいくつもネストした結果読みにくいコードになってしまいます。

このようなコールバックを使用した処理は、suspendCoroutineを使用することで、サスペンド関数へとブリッジすることが可能です(**リスト30**)。suspendCoroutineに渡す関数の中で非同期処理を実行し、コールバックの中でContinuation#resumeに結果を渡します。エラーハンドリングが必要な場合にはContinuation#resumeWithExceptionに例外を渡します。

以上でコールバックを使用した非同期処理をコルーチンへブリッジすることができました。

コルーチンを使用したコルーチンは**リスト31**の通りです。コールバックのネストがなくなり、通常の同期処理と同様の形で記述することができました。

コルーチンのスレッドを切り替える

コルーチンの中でスレッドを切り替えて処理をしたい場合を考えてみましょう。たとえば、GUIアプリケーションにおいて、Dispatchers.Mainでコルーチンを起動して何か処理を行ったあと、その結果をサーバに保存するとします(**リスト32**)。

このコードでは、post関数内部のネットワークアクセスにメインスレッドを使用するこ

リスト30 | suspendCoroutineを使用したコード

```
import kotlin.coroutines.Continuation
import kotlin.coroutines.resume
import kotlin.coroutines.resumeWithException
import kotlin.coroutines.suspendCoroutine

suspend fun login() = suspendCoroutine { continuation: Continuation<Token> ->
    loginAsync(
        onSuccess = { token -> continuation.resume(token) },
        onError = { throwable -> continuation.resumeWithException(throwable) }
    )
}

suspend fun fetchUser(token: Token) = suspendCoroutine { continuation: Continuation<User> ->
    fetchUserAsync(token,
        onSuccess = { user -> continuation.resume(user) },
        onError = { throwable -> continuation.resumeWithException(throwable) }
    )
}

suspend fun like(token: Token, user: User) = suspendCoroutine { continuation: Continuation<Unit> ->
    likeAsync(token, user,
        onSuccess = { continuation.resume(Unit) },
        onError = { throwable -> continuation.resumeWithException(throwable) }
    )
}
```

リスト31 | コルーチンを使用したコルーチン

```
// あるCoroutineScope下にあるとする
launch {
    val token = login()
    val user = fetchUser(token)
    like(token, user)
}
```

リスト32 | コルーチンの中でスレッドを切り替える

```
// あるCoroutineScope下にあるとする
launch(Dispatchers.Main) {
    val text = getText() // ユーザーが入力した値を取得する。
    val result = post(text) // サーバに保存する。
    showResult(result)
}
```

とになってしまいます。GUIアプリケーションにおいて、メインスレッドはUIの処理にのみ使うことが望ましいので、サーバへの保存は`withContext`を利用してネットワークアクセスに最適なスレッド上で行うように書き換えましょう(**リスト33**)。

`withContext`にCoroutineDispatcherを渡すことで、`withContext`に渡した関数の実行スレッドを指定することが可能です。`withContext`によって呼び出し元のコルーチンは中断され、`withContext`に渡した関数の処理が完了されると、呼び出し元のコルーチンは再開されます。

スレッドは`withContext`に渡した関数の中のみがDispatchers.IOが提供するスレッドになり、`withContext`以前と以降のスレッドは変わりません。

コルーチンのエラーハンドリング

コルーチン内で発生する例外は、通常と同じようにtry-catchでハンドリングするこ

リスト33 | withContextで実行スレッドを指定

```
// あるCoroutineScope下にあるとする
launch(Dispatchers.Main) {
    val text = getText() // ユーザーが入力した値を取得する。
    val result = withContext(Dispatchers.IO) {
        // この中はDispatchers.IOの提供するスレッドで実行される
        post(text) // サーバに保存する。
    }
    showResult(result)
}
```

リスト34 | CoroutineExceptionHandlerクラスを使用したコード

```
inx.coroutines.CoroutineExceptionHandler
import kotlinx.coroutines.runBlocking

val exceptionHandler = CoroutineException ⏎
Handler { coroutineContext, throwable ->
    showError(throwable)
}

fun main() = runBlocking(exceptionHandler) {
    doFailableTask()
}
```

リスト35 | CoroutineExceptionHandlerをCoroutineScopeに適用したコード

```
import kotlinx.coroutines.CoroutineException
Handler
import kotlinx.coroutines.CoroutineScope
import kotlinx.coroutines.Job
import kotlinx.coroutines.SupervisorJob
import kotlinx.coroutines.launch
import kotlin.coroutines.CoroutineContext

class Lifecycle : CoroutineScope {
    private val exceptionHandler = ⏎
CoroutineExceptionHandler { coroutine ⏎
Context, throwable ->
        showError(throwable)
    }

    private lateinit var job: Job
    override val coroutineContext: ⏎
CoroutineContext
        get() = job + exceptionHandler

    fun onCreate() {
        job = SupervisorJob()
        launch {
            doFailableTask()
        }
    }
}
```

リスト36 | 0.5秒後に文字列「foo」を返す関数

```
import kotlinx.coroutines.delay

object Some {
    suspend fun foo(): String {
        delay(500)
        return "foo"
    }
}
```

とが可能ですが、コルーチンにはCoroutineExceptionHandlerというクラスがあります。これをコルーチンビルダーに渡すことで、コルーチン内で発生する例外を包括的にハンドリングすることが可能です(**リスト34**)。

CoroutineExceptionHandlerは、CoroutineScopeに適用することも可能です。こうすることで、CoroutineScope内で発生する例外を包括的にハンドリングすることも可能です(**リスト35**)。

コルーチンのテストコードを書く

リスト36のような、0.5秒後に文字列「foo」を返す関数`Some#foo`があるとして、このテストコードを書いてみましょう。

`Some#foo`はサスペンド関数なので、コルーチンまたはサスペンド関数からしか呼ぶことができません。まずは`GlobalScope#launch`でコルーチンを起動してテストコードを書いてみましょう(**リスト37**)。このテストを実行してみると成功となります。

次に、あえてテストが失敗になるように`assertEquals(result, "foo")`を`assertEquals(result, "bar")`に書き換えて再度

リスト37 テストコード

```
import kotlinx.coroutines.GlobalScope
import kotlinx.coroutines.launch
import org.junit.Assert.assertEquals
import org.junit.Test
import org.junit.runner.RunWith
import org.junit.runners.JUnit4

@RunWith(JUnit4::class)
class CoroutineTest {

    @Test
    fun testFoo() {
        GlobalScope.launch {
            val result = Some.foo()
            assertEquals(result, "foo")
        }
    }
}
```

実行してみましょう。こちらのテストも成功となってしまいます。GlobalScope#launchで起動したコルーチンはメインスレッドとは別のスレッドで非同期に実行されるため、assertEquals(result, "bar")が評価されるよりも先にテストが終了し、成功とみなされてしまうためです。

では、GlobalScope.launch { ... }をrunBlocking { ... }に書き換えて実行してみましょう(**リスト38**)。

想定通りテストが失敗になりました。では、再度assertEquals(result, "bar")をassertEquals(result, "foo")に書き換えて実行してみましょう。想定通りテストが成功になります。

まとめ

コルーチンは、スレッドをそのまま使うのに比べて軽量かつオーバーヘッドが少ない、そ

リスト38 GlobalScope.launchをrunBlockingに書き換え

```
import kotlinx.coroutines.runBlocking
import org.junit.Assert.assertEquals
import org.junit.Test
import org.junit.runner.RunWith
import org.junit.runners.JUnit4

@RunWith(JUnit4::class)
class CoroutineTest {

    @Test
    fun testFoo() {
        runBlocking {
            val result = Some.foo()
            assertEquals(result, "bar")
        }
    }
}
```

実行結果

```
expected:<[foo]> but was:<[bar]>
Expected :foo
Actual   :bar
```

して簡潔に記述することが可能な非常に強力なツールです。

しかし、考えなしにコルーチンを多用した結果、コルーチンのジョブを管理するのが困難になっては本末転倒です。CoroutineScopeやJobを利用してコルーチンのライフタイムを設計し、アプリケーション開発に役立ててください。

Android Jetpack[注1]のviewModelScopeのように、アプリケーション開発に便利なコルーチンのツールセットをアプリケーションフレームワークの開発元が提供している場合もあるので、それらを使用してみるのも良いでしょう。

注1) Googleが開発しているAndroidアプリケーション向けのライブラリ群。

4.2 クロスプラットフォーム開発ライブラリ Kotlin Multiplatform入門

Kotlin Multiplatform Projectは、近年最も注目されているクロスプラットフォームツールの1つといっても過言ではないでしょう。構想自体はJetBrainsにより2012年頃から提案されていたのですが、実用段階に至ったのは2018年の中頃の出来事になります。ここでは、Kotlin Multiplatform Projectについて大まかな仕組み、使い方を解説します。Kotlin Multiplatformでできること、メリットなどを正しく理解しましょう。

Kotlin Multiplatform Projectとは

Kotlin Multiplatform Project(MPP)[注1]とは、

・Kotlin/JVM(Android、Server含む)
・Kotlin/Native(iOS, Windows, Linuxなど含む)
・Kotlin/JS

と呼ばれる、単一のKotlinコードを複数のプラットフォーム向けにトランスパイル可能なプロジェクトの総称をいいます。よくKotlin/NativeとMPPが混同されますが、Kotlin/NativeはMPPの部分集合ですので間違えないようにしましょう。以降では、それぞれの役割を簡単に説明します。

本章は執筆時の最新バージョンであるKotlin 1.3.61を元に執筆していますが、MPPはまだベータ版のため、バグや不完全な部分が数多く存在します。今後、大幅に変更される可能性がある点はあらかじめご了承ください。

KotlinのYouTrack[注2]や、Kotlin langのSlack[注3]にバグ報告をすると、アドバイスや修正方法などを知ることができるので、何かあったらIssue登録をしてみましょう。

Kotlin/JVM

Kotlin/JVMは、その名の通りJVM上で動くKotlinですので、普段みなさんがJVM上で動かしているKotlinそのものを表します。通常の手順でKotlinを動作させている場合はKotlin/JVMを使用しています。

通常のKotlin言語自体を指していますので、マルチプラットフォームという観点からは、AndroidプロジェクトやKotlinで書かれたサーバサイドアプリケーション等を指します。AndroidのプロジェクトはJavaのコードも多く含まれますので、Kotlin/JVMを正確に表す

注1) 本書では、Kotlin Multiplatform Projectのことを以降MPPと省略して表します。MPPという省略表記はJetBrains公式の呼び方になります。

注2) URL https://youtrack.jetbrains.com/issues/KT
注3) URL https://surveys.jetbrains.com/s3/kotlin-slack-sign-up

なら、Kotlinで書かれたサーバサイドのフレームワークであるKtorがKotlin/JVMで動作しています。

Kotlin/Native

Kotlin/Nativeでは、LLVM Toolchainを使用して各プラットフォームのネイティブバイナリを生成します。各プラットフォーム向けのバイナリが生成されるため、バイナリを動作させるためのVM環境が必要なく、各プラットフォームの環境でそのまま動作します。

現在Kotlin/Nativeでは、**表1**の環境をサポートしています。

Linuxのarm64は、Kotlin 1.3.40にて追加されました。現状サポートされていない環境でも、Kotlinのアップデートにより随時対応されていく可能性がありますので、未対応プラットフォームでの使用を検討している場合はYouTrackへIssueの登録を行いましょう。

Kotlin/NativeはWindowsやLinux、Web Assembly等のさまざまなプラットフォームへの対応がされています。Kotlin MPPが注目されている一番の理由は、Kotlin/NativeによるiOSプロジェクトへの対応ではないでしょうか。現代において、スマートフォンのアプリケーション開発は、ソフトウェア開発においてかなり重要な役割を担っています。しかしながら、主にAndroidとiOSの2種類のOSが広く普及しているため、両プラットフォームに対応したアプリケーションを開発しなければならず、開発者を悩ませてきました。

Kotlin/Nativeを使えば、今までAndroidアプリケーション用にKotlinで書いていたコードをiOS上でも動作させることが可能なため、スマートフォンのアプリケーション開発者界隈で話題となっています。

表1 Kotlin/Nativeがサポートする環境(1.3.61時点)

プラットフォーム	対応アーキテクチャ
iOS	arm32, arm64, simulator x86_64
macOS	x86_64
watchOS	x86_64, x86, arm64, arm32
tvOS	x64, arm64
Android NDK	arm32, arm64, x86_64, x86
Windows	mingw x86_64, x86
Linux	x86_64, arm32, arm64, MIPS, MIPS little endian, Raspberry Pi
WebAssembly	wasm32

Kotlin/Nativeの歴史

Kotlin/Nativeは、2017年3月にバージョン0.1となるPreview版がリリースされ、Kotlin本体のバージョンアップと共にアップデートされてきました(**表2**)。

Kotlin 1.3.50までは、プレビュー、ベータバージョンということもあり頻繁な仕様変更やアップデートがあったため、Kotlin本体とはバージョン管理が別になっていましたが、1.3.50からは本体とバージョニングが同じになりました。そのため、今後はKotlin本体のアップデートと同じサイクルで新しいバージョンがリリースされていきます。

Kotlin/Nativeの互換性

各プラットフォームで使われている言語とKotlinは当然、プログラミング言語としての仕様が異なりますので、それぞれの言語への

表2 | Kotlin/Nativeのバージョン

バージョン	日付	主な変更	Kotlinバージョン
0.1	2017/04	Early Previewリリース	1.1.x
0.2	2017/05	Kotlin Coroutinesのサポート	1.1.x
0.3	2017/06	Android、Windowsのサポート	1.1.x
0.4	2017/10	iOS、macOSのサポート	1.2
0.5	2017/12	Objective-C、SwiftからのKotlin呼び出し	1.2
0.6	2018/02	Kotlin Multiplatform対応	1.2.20
0.7	2018/02	Objective-C、Swiftの相互運用性、マルチスレッドまわりの強化	1.2.x
0.8	2018/07	stdlibがKotlin/JVMとKotlin/JSに、iOS arm32サポート	1.2.x
0.9	2018/09	安定版Kotlin Coroutines等、主にKotlin 1.3のアップデートに追従	1.3.M2
Beta	2018/09	Kotlin 1.3リリースに伴いベータ版に	1.3
1.1.0	2018/12	パフォーマンス改善、Contracts対応	1.3
1.2.0(1)	2019/04	Windows 32bitサポート、WindowsとMacからLinuxへのクロスコンパイル	1.3.30
1.3.0	2019/06	Linux arm64サポート、メモリ管理の大幅改善	1.3.40
1.3.50	2019/08	Kotlinのバージョニングと同じに	1.3.50
1.3.60(1)	2019/11	watchOS、tvOSのサポート	1.3.60(1)

互換性を保つ必要があります。

たとえばKotlinにはトップレベル関数と呼ばれる、ファイル自体に直接関数を記述する機能が存在します。Kotlin/Nativeでは、トップレベル関数に関してはファイル名をクラス名として扱うことで、Swift側からの呼び出しに対応しています(**リスト1**、**リスト2**)。

他にもさまざまな変換のクセがあります。**表3**に、よく使うKotlin、Swift、Objective-Cの対応表を抜粋しました[注4]。このようにKotlin/Nativeでは、Kotlinから各言語への変換に対してある程度の互換性を保ってくれていますが、未対応のAPIもあります。たとえば以下の記述は、Kotlin 1.3.61現在ではまだ使うことができませんので注意が必要です。

注4) 他の対応は以下から参照できます。
URL https://github.com/JetBrains/kotlin-native/blob/master/OBJC_INTEROP.md

リスト1 | Kotlin側での宣言

```
// file name: Hoge.kt
package com.gihyo

fun hoge() {}
```

リスト2 | Swift側での呼び出し方

```
HogeKt.hoge()
```

- suspend関数(Coroutineで使います)
- inlineクラス
- Kotlinのコレクションインタフェースを実装した独自クラス
- Objective-Cのクラスを継承したKotlinのクラス

Kotlin/Nativeでは他にも、iOS/macOS系API、Windows系API、POSIX API等をKotlin側のメソッドとして呼び出すことが可能です。しかし、これらのAPIはKotlinでラップされているため、まだすべてのAPIには対

表3 | Kotlin、Swift、Objective-Cの対応表(一部)

Kotlin	Swift	Objective-C
class	class	@interface
interface	protocol	@protocol
@Throws	throws	error:(NSError**)error
null	nil	nil
Unit return type	Void	void
String	String	NSString
String	NSMutableString	NSMutableString
List	Array	NSArray
MutableList	NSMutableArray	NSMutableArray
Set	Set	NSSet
MutableSet	NSMutableSet	NSMutableSet
Map	Dictionary	NSDictionary
MutableMap	NSMutableDictionary	NSMutableDictionary

応していません。もし必要なAPIが実装されていない場合は、Kotlinのアップデートを待つ必要があります。

Kotlin 1.3.61の段階では、Freezeされていないオブジェクトをインスタンス化されたスレッドとは別のスレッドで操作することができません。Freezeされていないオブジェクトを簡単に説明すると、変更可能なオブジェクトのことを表していて、具体的な例を挙げると自分で作ったクラスであったり、Globalスコープにある変数などです。反対に、Freezeされているオブジェクトは、Primitive型の変数であったりEnum, `object`修飾子が付いたSingletonのオブジェクト等が該当します。

オブジェクトを別のスレッドから操作する方法は2つ存在します。1つは、`kotlin.native.concurrent.ThreadLocal`または`kotlin.native.concurrent.SharedImmutable`アノテーションを付けることで、異なるスレッド間でもアクセスすることが可能になります。もう1つは、Kotlin/Nativeで用意されている`freeze`関数を使う方法です。

例を挙げると、Kotlinで書かれたfooという関数があります(**リスト3**)。

このfooという関数をSwift側の別スレッドから呼び出すと(**リスト4**)、printの箇所でIncorrectDereferenceExceptionによってクラッシュしてしまいます。

これを解決するために、`freeze`関数を使って、Hogeのインスタンスを Immutableオブ

リスト3 | Kotlinで書かれたfoo関数

```
class Hoge {}
fun foo(block: (Hoge) -> Unit) {
    val hoge = Hoge()
    block(hoge)
}
```

リスト4 | foo関数をSwiftの別スレッドから呼び出す

```
ActualKt.foo { hoge in
    DispatchQueue.global(qos: .background). ⏎
async {
        print(hoge)
    }
}
```

リスト5 | freeze関数を使ったコード

```
fun foo(block: (Hoge) -> Unit) {
    val hoge = Hoge().freeze()
    block(hoge)
}
```

表4 | Kotlin/Nativeでのビルドによる成果物

成果物	詳細
EXECUTABLE	実行ファイル
KLIBRARY	Kotlin/Native library(*.klib)
FRAMEWORK	Objective-Cのフレームワーク(*.framework)
DYNAMIC	動的リンクライブラリ
STATIC	静的リンクライブラリ

ジェクトにします(**リスト5**)。

このようにすることで、異なるスレッドでもhoge変数にアクセスすることが可能です。先ほど述べた通りhogeの値がPrimitive型等の場合はfreezeを呼び出す必要はありません。

このように、現状Kotlin/Nativeではスレッドの扱いを十分に気をつける必要があります。

Kotlin/Nativeの成果物

Kotlin/Nativeでのビルドによる成果物は、現在**表4**の5種類が作成可能となっています。

成果物の指定は、ターゲット指定部分に記述します。こちらもKotlin 1.3.40から記述の形式が変わりました(**リスト6**)。

リスト6 | Gradleで成果物を指定

```
iosArm64 {
  binaries {
    executable()
    framework()
    staticLib()
  }
}
```

Kotlin/JS

Kotlin/JSとは、Kotlinで書いたコードをJavaScriptに変換する仕組みです。webブラウザでのDOM(Document Object Model)の操作はもちろん、WebGLなどのWeb APIを用いることや、Node.jsを使ったサーバサイドJSにも利用可能です。

Kotlinからの変換に関しては、JetBrainsが公式に著名JavaScriptライブラリに変換するプラグイン[注5]を作成しているため、Reactやテストフレームワークのmochaとして簡単に出力することができます。ただし、Kotlin/JSもKotlin/Native同様にベータ版ですので注意が必要です。

Kotlin/JSを使うためのプラグインとして、今まではkotlin-frontend-pluginが提供されていましたが、Kotlin 1.3.40からは**org.jetbrains.kotlin.js**に移行し、これから新しくプロジェクトを作成する場合は、後者を使いましょう。

Kotlin/JSの歴史

Kotlin/JSは比較的最近の技術かと思いきや、2012年1月の時点ですでにAndrey(Kotlinの生みの親)が「The Road Ahead」[注6]というタイトルで、Kotlin/JSへの構想を発表しています。また、Andrey自身が当時のKotlin/JSのサンプル[注7]を公開しています。

Kotlin/JSは初期バージョンからKotlin

注5) URL https://github.com/JetBrains/kotlin-wrappers
注6) URL https://blog.jetbrains.com/kotlin/2012/01/the-road-ahead/
注7) URL https://github.com/abreslav/kotlin-js-hello

リスト7 | Kotlin/JSのインポートとDOMの呼び出し

```
import kotlin.browser.document

fun main() {
  document.body?.textContent = "Hello world!"
}
```

リスト8 | リスト7から生成されたJavaScriptのコード

```
function main() {
  var tmp$;
  (tmp$ = document.body) != null ?
  (tmp$.textContent = 'Hello world!') : null;
}
```

のバージョンと紐付いています。そのため、Kotlin/JS単体でのバージョニングはされていません。Kotlinのアップデートと共に、JavaScriptのAPIへのサポートが行われてきました。たとえばKotlin 1.0.1までは、Kotlin/JSでネストされたクラスは使えませんでしたが、1.0.2からは対応しています。このように、初期の頃からKotlinのバージョンアップと共に機能追加が行われています。

Kotlin/JSの互換性

本来、JavaScriptは動的型付け言語です。しかし、近年はwebアプリケーションの大規模化に伴って、JavaScriptでも静的型付け言語による開発が好まれ始めています。

静的型付けによるJavaScriptとして、Microsoftが開発したTypeScript[注8]という言語があります。Kotlinは静的型付け言語のため、型がないJavaScriptにトランスパイルするよりも型を活かせるTypeScriptにトランスパイルするほうがメリットが大きいように思いますが、現状Kotlin/JSはTypeScriptに変換することはできません。サードパーティ製のライブラリは存在しますが、公式ではないため不完全な箇所があります。JetBrainsのエンジニアが将来的には対応予定とKotlinlang Slackにて発言しているので、将来的には対応される予定はありますが、現状優先度はそこまで高くないようです。

DOM操作やJavaScriptに関してはKotlin/Native同様に相互互換があります。DOMの呼び出しはとても簡単で、Kotlin/JS自体を読み込んでいれば、Kotlin言語と同じように操作することが可能です(**リスト7**)。このコードから生成されるJavaScriptをHTMLファイルから読み込むだけで、webブラウザではbody部分にHello world!が出力されます。

上記のKotlinコードから生成されたJavaScriptのコードを見てみましょう(**リスト8**)。KotlinからJavaScriptに変換される過程で、JavaScript内での型情報は失われてしまいますが、このようにNullチェックは行われているのが分かります。そのため現状では、型情報が失われるデメリットはありますが、直接JavaScriptを触らない場合はあまり問題にはならないかもしれません。

純粋なwebブラウザの機能ではなく、JavaScriptで提供されているライブラリを呼び出すことも可能です。ただし、そのままでは通常のようにライブラリを呼び出すことはできません。

たとえば、LoggerというクラスがJavaScriptのライブラリ側で提供されていたとします。その場合、Loggerを呼び出すには`external`修飾子を付与してライブラリ側と同じように

注8) URL https://www.typescriptlang.org/

リスト9 | JavaScript側のクラスをKotlinで利用

```
external class Logger {
  companion object {
    fun log(log: String)
  }
}

fun main() {
  val message = "Hello logger world!"
  Logger.log(message)
}
```

Kotlin側で宣言する必要があります(**リスト9**)。なお、external修飾子を付与した場合、コンパイラは外部のライブラリの関数と判断して、出力するJavaScriptにこの関数は含まれません。

こうすることで、Kotlin/JSから出力されたJavaScriptがライブラリのJavaScriptを読み込めていれば、main関数内でライブラリのLogger.log()関数を呼び出すことが可能です。

JavaScriptのクラスを拡張することも可能です。その場合はexternalで定義してから、Kotlinの記法で継承関係を記述しましょう(**リスト10**)。

もう1つ、Kotlin/JSにしかない特徴的な機能があります。

冒頭でも解説しましたが、JavaScriptは動的型付け言語である一方で、Kotlinは静的型付け言語です。そのため、JavaScriptをKotlinから呼び出す際には型情報が必要となります。しかし、JavaScriptではコンパイルの段階では型情報を持っていません。この、JavaScriptとKotlin間の型問題を解決するため、Kotlin/JSにはdynamic型が存在します。

dynamic型は、Kotlinで表すと「Nothing」「Nothing?」「Nullable」のいずれかになります。

リスト10 | JavaScriptのクラスを拡張

```
external open class JsLogger: Logger() {
  // メンバ
}

class MyLogger : JsLogger() {
  fun log() {
  }
}
```

リスト11 | Node.jsとブラウザにおける実行環境のサポート

```
kotlin {
  js {
    nodejs()
  }
}
```

そのため、厳密には異なりますが「Any?」と考えても問題ありません。

Anyと同様、isやasで型チェックを行えば同じように利用することができます。また、「Any?」にはasDynamic()関数が用意されているので、どの型からもdynamic型への変換が容易にできます。

Kotlin 1.3.40からは、Node.jsとブラウザにおける実行環境がサポートされました(現在はmacOSとLinuxのみ対応)。他にもnpm、yarn、webpackを用いた開発にも対応しています。Gradleファイルに書くだけで簡単に動作します(**リスト11**)。

実際のwebアプリケーション開発の現場では、異なる環境によるテストを多くしなければなりません。これも1.3.40からの機能で、ブラウザを指定してテストが行えるようになりました(**リスト12**)。

Gradleのタスクに**jsBrowserTest**が作られ、実行することで簡単にブラウザのテストをすることができます。

リスト12 | ブラウザを指定したテスト

```
kotlin {
  target {
    browser {
      testTask {
        useKarma {
          useIe()
          useSafari()
          useFirefox()
          useChrome()
          useChromeCanary()
          useChromeHeadless()
          usePhantomJS()
          useOpera()
        }
      }
    }
  }
}
```

Kotlin/JSの成果物

Kotlin/JSでのビルドによる成果物は、現在**表5**の4種類が作成可能となっています。

Gradleに**リスト13**のように記述して指定します。

Kotlin/JSでは、生成されたJavaScriptファイルの依存関係に**kotlin.js**が必要です。このファイルはminifyしていない状態で1MB以上もあります。さらに、Kotlin Coroutine等のライブラリの依存関係を追加するとさらに容量は増えてしまいます。

対策として、JetBrainsが公式に用意している**Kotlin DCE**というものがあります。kotlin.jsファイルはとても大きいですが、作成したアプリケーションでは使っていないKotlinファイルを削除して容量を削減できます。これにより数百KBまで容量を削減できるでしょう。ただ、プロダクトレベルとなるとそれなりにコードが大きくなってきますので、現状DCEを使用しても容量はそれなりに大きくなってしまいます。

使い方はとても簡単で、Gradleのプラグインとして適用し、DCE toolsを有効にするだけです(**リスト14**)。Kotlin/JSを使ううえで必須ともいえるプラグインなので、必ず適用しましょう。

リスト13 | 成果物の指定方法

```
js {
  compilations.all {
    tasks.withType(Kotlin2JsCompile) {
      kotlinOptions {
        moduleKind = 'umd'
      }
    }
  }
}
```

リスト14 | Kotlin DCEの利用設定

```
apply plugin: 'kotlin-dce-js'
```

表5 | Kotlin/JSでのビルドによる成果物

成果物の種類	特徴
plain	グローバルスコープに定義される。デフォルトはPlainになっている
amd	主にクライアントサイドで使われる。非同期にロードしやすい
commonjs	Node.jsなどサーバサイドで使われることが多い
umd	amdとcommonjsの両方をサポートしている

共通モジュールの仕組み

MPPの仕組みを理解するために、プロジェクトの構成について説明します。

MPP開発では、**Common**という共通のモジュール(名前は自由に変更可)を作成して、各プラットフォームはその共通モジュールを参照する形で動いています。

リスト15 共通部分のコード(/common/src/commonMain/kotlin/com/gihyo/mpp/Common.kt)

```
fun sample(): String {
    return "Hello, ${platformString()}"
}

expect fun platformString(): String
```

Commonモジュールに対応したいプラットフォーム分のディレクトリを作成して、Gradleファイルに対応したいプラットフォームの設定を書いていきます。

MPPの設定は基本的にすべてGradleファイルに記述していきます。もちろん従来通りGroovyでも構いませんし、Kotlin Scriptでも動作します。ここでは、従来通りGroovyでGradleファイルに記述しますが、Kotlin 1.3.50からMPPのサンプルコードがKotlin Scriptで記述されました。そのため、これからはGradleファイルもGroovyからKotlin Scriptに置き換わっていく可能性があります。

コードで共通モジュールを実現する方法

MPPでは、共通モジュールにKotlinのコードさえ書けば、基本的にはプラットフォーム毎に参照可能な成果物が生成されます。AndroidやサーバといったJVM言語でGradleを使ったプロジェクトならば、外部ライブラリとして今まで通り依存関係に記述できます。iOSは、Commonモジュールからframeworkを作成して、Xcodeの設定にパスを記述すれば利用可能です。

しかし、アプリケーションを作っていくうえで、各プラットフォームのコードをすべて共通化するのは残念ながら難しいです。たとえば、プラットフォーム毎に表示する文字列を切り替えたい場合や、プラットフォームに即したロジックのコードが含まれることもあると思います。

この場合、MPPではexpectとactualという機能を用いてプラットフォーム間の差異問題を解決しています。

実際のコードを見てみましょう。MPPの共通モジュールで文字列を生成して、プラットフォーム毎に表示する文字列を一部変更する場合を考えます。

リスト15が共通のコードになります。Kotlinなので、クラスを作らずにトップレベルに関数を定義することが可能です。expectを付けた関数が共通モジュール用のコードになります。なお、expectを付けた関数(expect関数)は実装を持つことはできません。

次にプラットフォーム毎のコードです(**リスト16〜19**)。

リスト16 Android用のコード(/common/src/androidMain/kotlin/com/gihyo/mpp/Platform.kt)

```
actual fun platformString(): String = "Android"
```

リスト17 iOS用のコード(/common/src/iosMain/kotlin/com/gihyo/mpp/Platform.kt)

```
actual fun platformString(): String = "iOS"
```

リスト18 JVM用のコード(/common/src/jvmMain/kotlin/com/gihyo/mpp/Platform.kt)

```
actual fun platformString(): String = "Server"
```

リスト19 JavaScript用のコード(/common/src/jsMain/kotlin/com/gihyo/mpp/Platform.kt)

```
actual fun platformString(): String = "WEB"
```

共通モジュール内のプラットフォーム用ディレクトリに、actualを付けて共通モジュールのexpect関数と同じ名前の関数を定義しています。こちらはプラットフォーム毎に実装する必要があります。

MPPのexpectとactualは、抽象クラスと具象クラスの関係に似ています。KotlinやJava、C++といったオブジェクト指向プログラミング言語を触ったことがある方はイメージしやすいと思います。Kotlinの文法で表すなら、abstractとoverrideのような関係です。

共通モジュールで定義したexpectに対して、各プラットフォーム用のディレクトリにあるコードでactualを実装します。expectは関数に限らず、プロパティやアノテーションにも付けることができます。これにより、各プラットフォームによって期待する動作を分けることができます。

MPPの機能は、基本的にexpectとactualのみです。他に特別な記法はありません。expectとactualさえ覚えておけば、あとは普通のKotlin Gradleプロジェクトと同じです。

Gradleの設定

Android、iOS、JVM、JavaScript(web)に対応する場合は、build.gradleを**リスト20**のように記載します。中で読み込んでいるAndroid用のGradleファイルは**リスト21**になります。

リスト20のAでは、MPP用のプラグインを読み込みます。Kotlin 1.3より前とはプラグインの名前が変わっているため、古いプラグインを利用している場合は注意しましょう。

Bでは、apply from: 'android.gradle' によって、別ファイルに定義したGradleファイルを読み込んでいます。なぜこのような形で宣言しているのかというと、共通build.gradleの見通しを良くするためです。

MPPでAndroidを利用する場合は、com.android.libraryプラグインが必要です。しかし、このプラグインを読み込むと、**リスト21**のFに書いてあるcompileSdkVersionなどの設定が必要になるため、build.gradleの見通しが悪くなってしまいます。今回はGradleファイルを分割していますが、当然1つのGradle

リスト20 | build.gradleの内容(/common/build.gradle)

```
apply plugin: 'kotlin-multiplatform'  // A. プラグインの読み込み
apply from: 'android.gradle'          // B. Android用に別定義したGradleファイルの読み込み

kotlin {
  // C. プラットフォームの指定
  // C1. Androidの読み込み
  android()
  // C2. iOSの読み込み
  iosX64('ios') {
    binaries {
      framework()
    }
  }
  // C3. JVMの読み込み
```

リスト20のつづき

```
  jvm()
  // C4. JSの読み込み
  js()

  // D. 依存関係
  sourceSets {
    // D1. 共通モジュールの依存関係
    commonMain {
        dependencies {
          implementation "org.jetbrains.kotlin:kotlin-stdlib-common:$kotlin_version"
          implementation "org.jetbrains.kotlinx:kotlinx-coroutines-core-common:$coroutine_version"
        }
    }
    commonTest {
      dependencies {
        implementation org.jetbrains.kotlin:kotlin-test:$kotlin_version"
        implementation "org.jetbrains.kotlin:kotlin-test-annotations-common:$kotlin_version"
      }
    }
    // D2. Androidは別Gradleに定義
    // D3. iOSモジュールの依存関係
    iosMain {
      dependencies {
        implementation "org.jetbrains.kotlinx:kotlinx-coroutines-core-native:$coroutine_version"
      }
    }
    iosTest {
      dependencies {
      }
    }
    // D4. JVMモジュールの依存関係
    jvmMain {
      dependencies {
        implementation "org.jetbrains.kotlin:kotlin-stdlib-jdk8:$kotlin_version"
        implementation "org.jetbrains.kotlinx:kotlinx-coroutines-core:$coroutine_version"
      }
    }
    jvmTest {
      dependencies {
        implementation "org.jetbrains.kotlin:kotlin-test-junit:$kotlin_version"
      }
    }
    // D5. JSモジュールの依存関係
    jsMain {
      dependencies {
        implementation "org.jetbrains.kotlin:kotlin-stdlib-js:$kotlin_version"
        implementation "org.jetbrains.kotlinx:kotlinx-coroutines-core-js:$coroutine_version"
      }
    }
    jsTest {
      dependencies {
        implementation "org.jetbrains.kotlin:kotlin-test-js:$kotlin_version"
      }
    }
  }
}
```

ファイルに記述することも可能です。

ターゲットの指定

リスト20のCから、使いたいターゲットの指定を行います。Android、iOS、JVM、JSを利用したいので、これらのアーティファクトを指定しています。

リスト20のC1では、AndroidをMPPで使用する宣言をしています。前述の通り、**リスト20**のBでAndroid用のプラグインを読み込んでいないと動作しませんので注意してください。

MPPでは名前を指定しない場合、アーティファクト名がフォルダ名となります。そのため、`iosX64()`のように何も指定しない場合は、対象のフォルダ名が`iosX64`となります。フォルダ名を書き換えたい場合は、**リスト20**のC2のように、`iosX64('ios')`のカッコ内に自分が使いたい名前を書きましょう。

さらに、ここでは出力の形式にframework形式を指定しています。この場合、作成されるiOS用の成果物はframework形式になります。

リスト20のC3、C4では、JVM、JSモジュールを読み込んでいます。名前の変更はしていませんのでそのままです。

依存関係の指定

リスト20のDで依存関係を指定しています。基本的に通常のGradleプロジェクトと違いはありません。一度でもGradleを使ったプロジェクトに触れていれば問題なく理解できるでしょう。

MPPではモジュールが複数ある構成になります。そのため、Gradleファイルのバージョン管理にはコツが必要です。今回変数として定義されているバージョンは、別のGradleファイルに記載されています。バージョン管理に関するTipsはサンプルプロジェクトの作成の際に説明します。

MPPのモジュール名はCommonになります。ライブラリを使う場合はCommonにも依存関係の記述が必要となります(**リスト20**のD1)。

Androidに関してはBで読み込んだ別ファイル「android.gradle」(**リスト21**のG)で依存関係を記述していますので、ここには指定していません(**リスト20**のD2)。

同様に、プラットフォーム毎に依存関係を記述する必要があります(**リスト20**のD3〜D5)。注意したい点としては、同じライブラリ

リスト21 Android用のGradleファイル(/common/android.gradle)

```
apply plugin: 'com.android.library'
// E. Androidライブラリの読み込み

// F. Androidの設定
android {
    compileSdkVersion 28
    buildToolsVersion "28.0.3"

    defaultConfig {
        minSdkVersion 14
        targetSdkVersion 28
        versionCode 1
        versionName "1.0.0"
    }
}

// G. Androidの依存関係
dependencies {
    implementation "org.jetbrains.kotlin ⏎
:kotlin-stdlib-jdk8:$kotlin_version"
    implementation "org.jetbrains.kotlin ⏎
x:kotlinx-coroutines-core:$coroutine_
version"
}
```

表6 依存関係に追加するアーティファクトの例

ターゲット	アーティファクト
Common	org.jetbrains.kotlinx:kotlinx-coroutines-core-common
Android, JVM	org.jetbrains.kotlin:kotlin-kotlinx-coroutines-core
iOS	org.jetbrains.kotlinx:kotlinx-coroutines-core-native
JS	org.jetbrains.kotlinx:kotlinx-coroutines-core-js

でもiOSとJVMでは依存関係に追加するライブラリのアーティファクトが異なることです。Coroutineを例にしてみましょう(**表6**)。

MPPでライブラリを利用する場合は、使いたいプラットフォームすべてでアーティファクトが提供されている必要があります。また、それぞれのライブラリのバージョンを統一する必要がある点はご注意ください。

ディレクトリ構成

図1が、基本的なMPPのディレクトリ構成になります。

A、D、E、Fにプラットフォーム毎のディレクトリが存在していて、各ディレクトリはGradleまたはCommonから作成された成果物(.framework等)によって共通モジュールを参照しています。

「common」ディレクトリに、MPPで共通化したいコードが書かれています(**図1**のB)。今回はUserというドメインオブジェクトクラスが書かれていて、Common.ktにexpectの実装が書かれています。

共通モジュールにexpectが存在している場合、前述のGradle設定でターゲットの指定をしたプラットフォームは必ずactualの実装が必要となります。もし、ターゲットを指定していてactualの実装がない場合はビルドエラーになるので注意してください。

なぜMPPで開発するのか

これまでも、クロスプラットフォームツールは数多く存在しました。近年では、JavaScriptを用いて開発を行うFacebook製のReact Nativeや、Dartを用いて開発を行うGoogle製のFlutterがとくに注目を浴びています。

しかしながら、現状これらのクロスプラットフォームツールは各プラットフォームネイティブ実装を完全に置き換えるに至ってはいません。もちろん、メインストリームの開発はネイティブ実装になるため、100%このような開発ツールに置き換わることはありませんが、置き換えが進まない理由として、主に筆者は、

- 普段ネイティブエンジニアが開発している言語、フレームワークとは異なる環境で開発しなければならない(クロスプラットフォームツール開発者も、Android、iOSを熟知する必要がある)
- 1つのソースでプラットフォーム毎に同じ画面を作ることができるメリットの一方で、Android、iOSで同じ見た目になってしまうデメリットがある

図1 基本的なMPPのディレクトリ構成

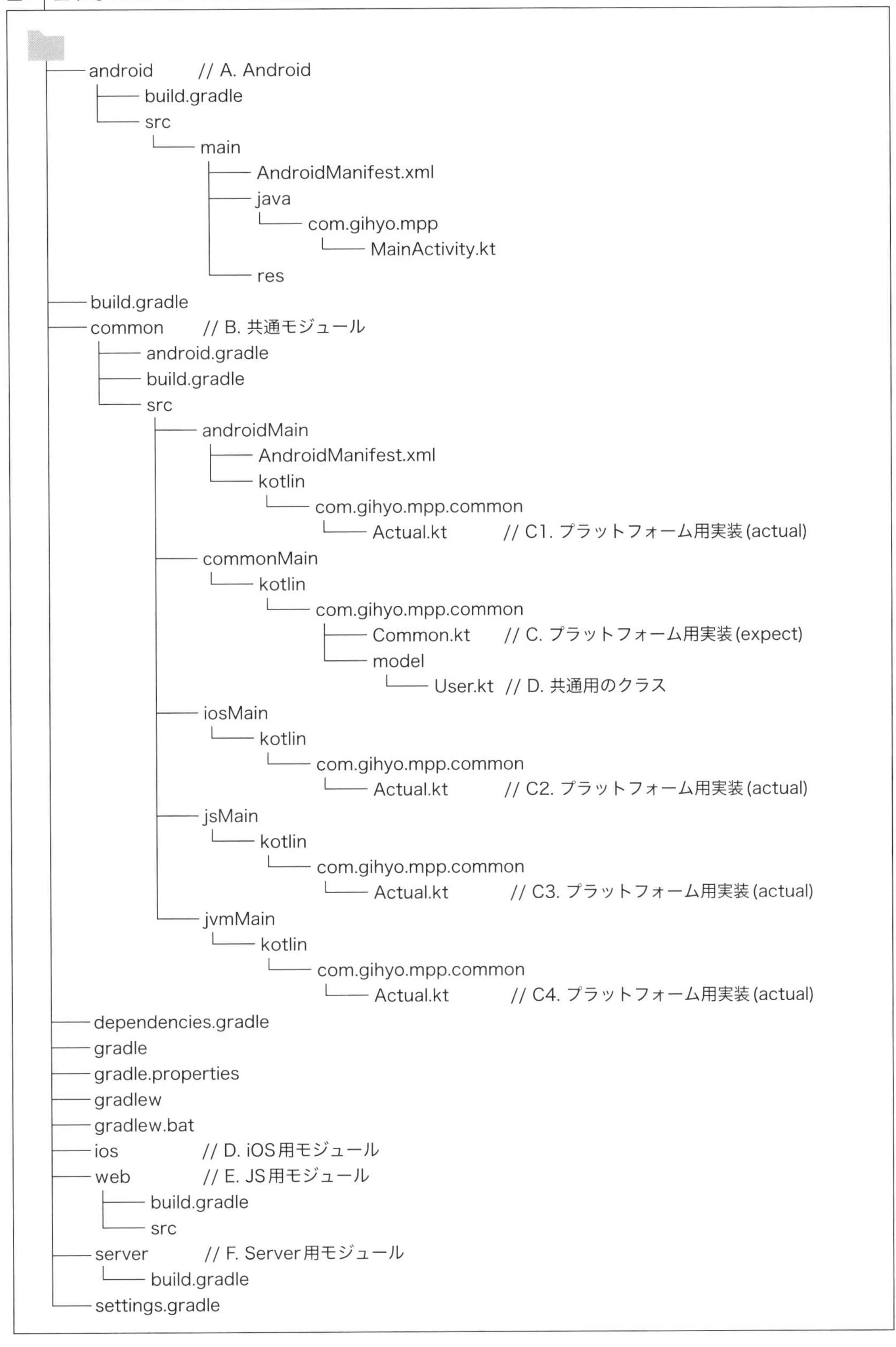

と考えています。もちろんこれらのツールは、開発効率を大幅に上げるとても大きなメリットを持っていますので、サービス開発の現場では十分に有効です。

一方のMPPでは、UIの実装は潔く各プラットフォームの実装に委ねています。そのため、UIの問題に引っ張られることなくロジック部分の共有が可能です。その他のメリットを以下に挙げます。

- Android、サーバ側で広く使われているKotlinを使用できる
- 最初にGradle等の設定さえすれば、新しくフレームワークの記法を覚える必要がない
- 他のクロスプラットフォームツールではAndroidのほうがバグが多いが、Kotlin/NativeではAndroid側が今までと変わらず開発できる
- Android、iOSのコードだけでなくweb(JavaScript、wasm)、サーバのコードまでも共有できる

Android側のデメリットはほとんどない

注目すべき点は、Android側のデメリットが基本的にない点です。なぜなら、MPPはGradleで管理された別モジュールとして存在しているだけだからです。 Android開発で使う通常のライブラリと同じく、依存するモジュール側に依存関係を記述するだけで問題なく動作します。そのため、AndroidにおいてMPPによるバグというのは基本的には起こりません。

AndroidとiOSだけに留まらない共通化

従来のクロスプラットフォームツールは、AndroidとiOSの共通化が基本として利用されていました(最近では、FlutterがwebブラウザをサポートするHummingbird注9を発表しました。将来的にはFlutterもwebブラウザをサポートしていくものと思われます)。しかし、MPPのようにAndroid、iOSに限らずwebやサーバまでも共通化できるメリットは、他クロスプラットフォームツールに対してかなりのアドバンテージとなるでしょう。

現状のデメリット

一方で、現状におけるデメリットも確認しておきましょう。

Java資産を使えない

Androidのデメリットとして強いていうならば、MPPで使う共通のコードはKotlin言語のみしか使えません。これまで、Android開発において定番で使われているOkHttpやRetofit、RxJavaなどはJavaで書かれていますので、共通モジュール内注10では使うことはできません。この点には注意が必要です。

iOSではsuspend関数をシングルスレッドでのみ利用可能

現段階で1番の問題は、iOS側から呼び出すCoroutineがメインスレッドでのみ利用可能と

注9) URL https://medium.com/flutter/hummingbird-building-flutter-for-the-web-e687c2a023a8

注10) Androidやサーバのモジュールでは使用可能です。

いう点です。

通信処理や、DBアクセス等では多くの場面で非同期で処理を行います。Kotlinでは非同期処理をCoroutineを用いて行うやり方が一般的です。現段階では、suspend関数(非同期処理を行うCoroutineの関数をsuspend関数と呼びます)はiOS側から直接呼び出すことはできないため、現状はKotlin/Native(Swift等)側とのインタフェース部分をコールバック形式で記述する方式が一般的です。

Kotlin/Nativeが実用的になるうえで優先度が一番高い問題であったため、Kotlin 1.3.60にてPreviewバージョンがリリースされました[注11]。まだ完全に対応されたわけではないですが、近い将来デメリットではなくなっているでしょう。

iOS側が複数の.frameworkファイルを読み込めない

iOSに関するもう1つの大きなデメリットは、Kotlin/NativeでiOS用に作成した「.frameworkファイル」をiOS側が複数読み込めない点です。

実際のプロジェクトはある程度規模が大きくなってくるので、複数のモジュールに分けて開発することが多くなると思います。たとえば、サーバ側とクライアント側でドメインオブジェクト(モデル部分)のコードを共有することを考えてみます。サーバ側では先にAPIをリリースし、クライアント側は古いコードのままとなった場合、ドメインオブジェクトとロジック部分のモジュールが同じだとバージョン管理が複雑になってしまうおそれがあります。

ただ、こちらはKotlin 1.3.70にて対応予定になっていますので問題ではなくなります[注12]。

MPP用ライブラリのKotlinバージョンを統一する必要がある

その他、開発中のデメリットとしては、使用しているサードパーティ製MPP用ライブラリのKotlinバージョンをすべて統一する必要があります。これはサービス開発を進めるうえでかなり大きなデメリットです。1つでも最新バージョンに対応していない場合は、プロジェクト自体のKotlinバージョンを上げることができません。マイナーなライブラリを使用していると、いつまで経っても最新バージョンが使えない問題が発生します。

こちらもIssueになっていますので、今後対応されるでしょう。

Kotlin側でのJavaScript使用がまだ不完全

Kotlin/JSのデメリットとして、Kotlin側でJavaScriptのライブラリを使用するにはまだ不完全な場面が多い点が挙げられます。Kotlinは静的型付け言語であり、JavaScriptは動的型付け言語なため、根本的に言語としての仕組みが異なります。そのため、`external`修飾子や`dynamic`型を付けて問題を回避していますが、開発効率を上げるという、そもそもの思想からは離れてしまっている印象が現状ではあります。

注11) URL https://github.com/Kotlin/kotlinx.coroutines/issues/462

注12) URL https://github.com/JetBrains/kotlin-native/issues/2423

将来的にTypeScriptなどへの対応があれば、このあたりの問題は薄れるかもしれません。現状では、通常通り開発したほうが効率が良いように思います。

MPPによって実現できること

前項では、MPP自体のメリット、デメリットを述べました。本項ではMPP開発を導入した際の筆者の考えるメリットについて述べたいと思います。

ドメインオブジェクト(モデル)を共通化できる

MPP開発においての一番のメリットは、ドメインオブジェクトの共通化なのではないでしょうか。

インタフェースの異なるもの同士が繋がるには共通のプロトコルが必要です。現代ではJSON形式が広く使われています。

最近ではProtocol BuffersやGraphQLといった型安全なプロトコルも増えています。過去に筆者が担当していたプロジェクトでも、JSONとProtocol Buffersを両方利用して適材適所で使っていました。

しかし、JSONはもちろん、比較的新しいプロトコルのProtocol BuffersやGraphQLを使用したとしても、API通信のドメインオブジェクトは統一できるものの、クライアント側でクライアント固有のドメインオブジェクトへのマッピングが必要となります。そうすると、サーバ側とクライアント側で仕様書の確認漏れや認識違いで、Non-nullのプロパティにNullableの値が入っていたなどのバグが発生することがありました。

MPPを用いてドメインオブジェクトの共通化が行われれば、Android、iOS、webのクライアント側と、サーバ側で同じドメインオブジェクトを使うことができるため、サーバ側とクライアント側での差異が発生しなくなり、バグを事前に防ぐことができるでしょう。

BFFサーバをKotlinで開発する

BFFサーバとはBackends for Frontendsの略で、クライアントサイドとサーバサイドの間に中間サーバを建てて、主にサーバサイドの複雑な仕様を吸収する役目を持っています。近年広く採用されているマイクロサービス構成のサービスでこの設計手法が利用されており、近年このようなアーキテクチャを採用するサービスが増えています。

これまでは、クライアントサイドが同時に複数エンドポイントにアクセスして、サーバサイドにある複数のエンドポイントを束ねていました。BFFが複数サーバへアクセスしデータをまとめる役割を担うことで、クライアントサイドからのアクセスがシンプルになる利点があります。そのため、元々モノレポで開発している場合や、GraphQLを利用している場合はメリットがあまりないかもしれません。

他にも、BFFサーバを導入することでクライアントサイドは複雑なサーバの仕様に引っ張られることなくViewの責務に専念することができます。

このBFFの実装をクライアントサイドの人が行うことで、サーバサイドの実装を待つことなくクライアントサイドで自分達が必要な部分の実装を始めることができ、全体の開発効率が上がると考えています。また、これによってクライアントサイド、サーバサイドといった役割の垣根をなくし、BFFサーバ部分でクライアントサイドとドメインオブジェクトの共通化をすることができます。

ロジック部分を共通化する

クロスプラットフォームツールによる開発で一番行いたいことは、当然ながらコードの共通化です。ここで挙げるものはMPPに限らずクロスプラットフォームツール全般に共通することですが、コード共有化によって考えられる開発上の主なメリットは以下があります。

- **認証系を共通化**

  ログインの処理、認証トークンの管理、暗号化・復号化のようなセキュリティが絡む処理は、ロジックが複雑かつプラットフォーム間での差異や仕様漏れはなるべく防ぎたいため、1つの実装で同じロジックを共有できると効率化できます。

- **ログ送信のコードを共通化**

  サービス開発において、データ分析のためのログの送信は欠かせません。近年では、ログのライブラリとしてGoogle Analyticsを使うか、自社のログライブラリを使うことが多いと思います。

  ログは基本的に、Key-Valueの形式で送信します(Google AnalyticsではKey=Dimensions)。多くのログパターンを実装していると、実装漏れやミスにより、Dimensionsの値がプラットフォーム間で異なってしまうことがよくあります。MPPによって共通化できると、サービス開発においてかなり有利になるのではないかと思います。

- **広義のUtility系を共通化**

  広義としたのは、ロジックのコードだけではなく、前項でも述べた文字列の管理を含みます。

  以前筆者が開発していたサービスでは、プラットフォーム毎にエンジニアがいたので、それぞれ同様の実装を行っていました。このような体制では、時々QA(Quality Assurance：製品のテスト)の段階でプラットフォーム毎に似たようなIssueが切られ、その都度プロダクトマネージャに確認してどちらが正しいのかを確認するタスクが発生していました。たとえば、日付のカウントダウン表示があったとして「Androidは"残り1分です"と表示されているのに、iOSでは"残り60秒"と表示される」など、一見どちらも同じことを表しているが、仕様によってはバグ扱いになる、といったものです。

  このように、サービスに依存した実装をプラットフォーム毎ではなく、1つのソースコードで管理できると、開発の品質面やスピードが大幅に向上します。

4.3 実践 Kotlin Multiplatform Project開発

このセクションでは、MPPの技術を使って、Android、iOS、web、サーバのプロダクト環境に導入する方法を考えていきます。セクションの前半では、サービスの設計やライブラリの選定について解説します。セクションの後半では、シンプルなアプリを実際に作っていきます。MPPの実現可能性を感じてみましょう。ここで解説しているサンプルアプリケーションは、GitHubで公開しています[注1]。ぜひお手元で確認してみてください。

設計を考える

サービスの大きさやチーム構成によって適切な設計はそれぞれ異なります。

今回はサーバサイドでマイクロサービスアーキテクチャを採用した、比較的大規模なサービスのサーバサイドとクライアントサイドのアーキテクチャ設計をしてみます。この例を鵜呑みにせず、一例として参考にしてみてください。

全体設計

バックエンドサーバを含む全体の構成は図1のようになっていて、バックエンドサーバはサーバ毎に役割が異なるマイクロサービスアー

注1） URL https://github.com/AAkira/mpp-example/releases/tag/KotlinForEveryone

図1 全体の設計

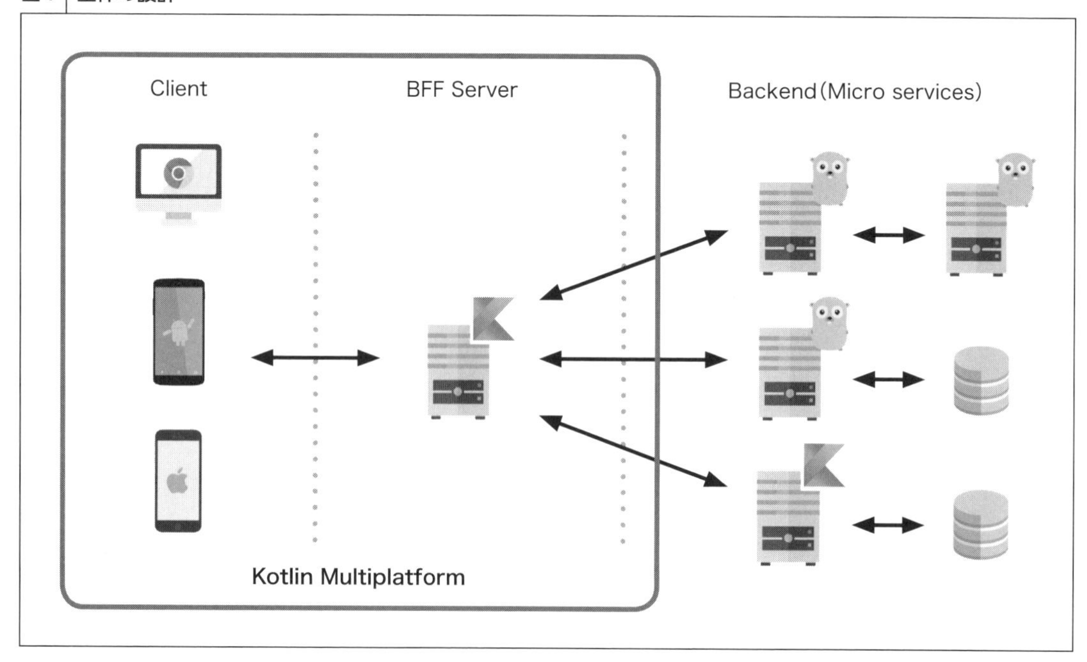

キテクチャになっています。マイクロサービス設計になっているため、リポジトリー毎に言語や機能が異なっていても構いません。**図1**は例として、用途によってGolangとKotlinで書かれたサーバがあるとします。

これらの実装を束ねるのが**BFFサーバ**と呼ばれるものです。BFFサーバは、Kotlin製の**Ktor**というサーバを用いて、Kotlinで記述します。このBFFサーバとクライアントサイドをMPPで作成し、ドメインオブジェクトや一部ロジックの共有をします。

クライアント設計

KotlinConf 2018用に作られた、KotlinConf用のアプリケーション[注2]があります。

前節でも説明していますが、MPPではView部分は各プラットフォームに任せるという思想になっています。そのため、View部分以外はなるべく共有できるようにMVP(Model-View-Presenter)で設計されています。

しかしこの設計ですと、View部分以外は最大限にロジックを共有することができるのですが、Reactive ExtensionsやAndroidでも公式に導入された**LiveData**(Reactive Extensionsと似たAndroid用の機能)は使うことができません。また、MPPはまだベータ版です。開発をスタートして、もしMPPの開発が止まってしまった時には、従来の開発方法へ置き換えるのは難しくなるでしょう。

そのため、筆者は現段階でMPP開発を行う場合はMVPを推奨しません。代わりに、Robert C. Martin氏によって提案された**Clean Architecture**と、最近のアプリ開発では一般的になりつつMVVMを組み合わせた設計を推奨しています。MVVM＋Clean Architectureの形式にするメリットは、階層構造の設計になっているため、MPPの実装部分を簡単に切り離せる点にあります。

たとえば、iOS側でMPPによって何か問題が発生した場合でも、ViewModelから呼び出しているMPPのService層以下の実装部分を、従来通りSwiftのプラットフォーム実装に切り替えてしまえば問題ありません(**図2**)。iOSの実装を行う場合は、開発工数が増えてしまうのではという懸念がありますが、この部分の実装はMPPを利用していなければ、**本来Swiftで実装するはずだった部分**になります。そのため、理論上の工数は増えていないはずです。問題がなければこの部分の工数を削減できるメリットはとても大きいでしょう。

もちろん、MVPが適している場合もあるので、すべてに適用されるものではありませんし、最近Kotlin Coroutinesに導入されたFlowを用いてReactive Extensionsのような形式を実現すればMVPのほうが適していますので、開発時期を見て検討することを推奨します。

最近では、AndroidではJetpack Compose、iOSではSwift UIが発表されました。これらは、DSLによってKotlinとSwiftからアプリのUIを生成するツールとなっています。これは筆者の考えですが、もしMPPの共有部分から各プラットフォームへのコンバーターを作ることができれば、すべてKotlinや独自のDSLで記述して、1つのソースでUIも書ける未来が来るかもしれません。

注2) URL https://github.com/JetBrains/kotlinconf-app

図2 | MVVM＋Clean Architectureによるメリット

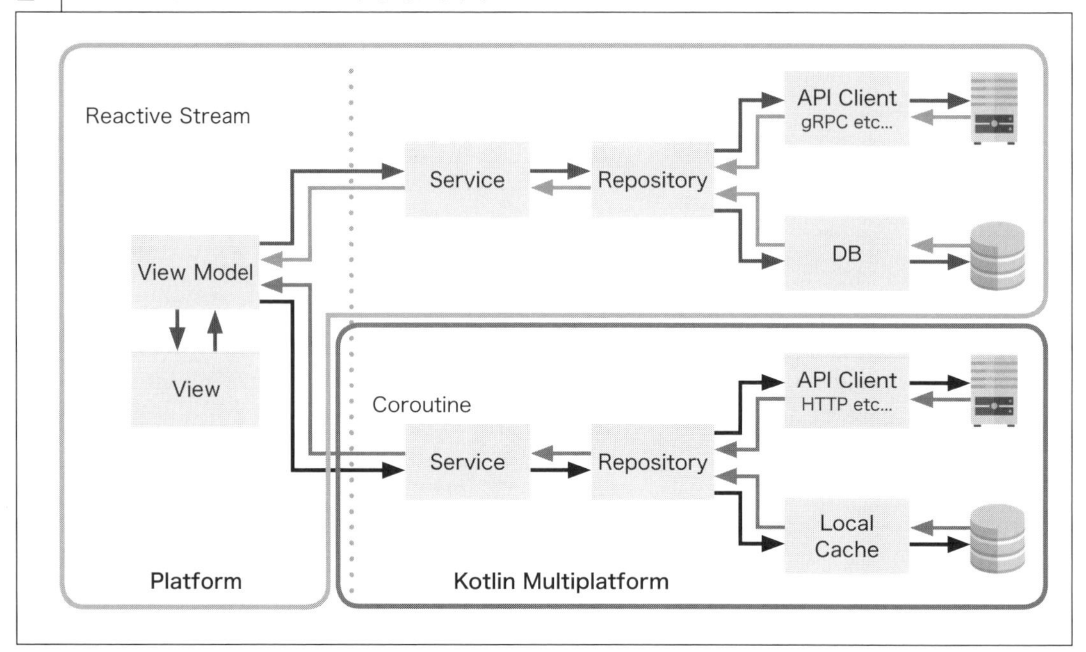

ライブラリ選定

4.2でも述べましたが、MPPではすべてKotlinで書かれたコードでなければなりません。Javaで書かれたコードは使えないため、Java環境で一般的に使用されている通信ライブラリのOkHttpや、Reactive Extensionsで広く使われているRxJavaなどのJavaで書かれたライブラリは、MPPでは使うことができません。

ただし、これはMPPとして用意する共通のライブラリ部分のみの話であって、各プラットフォームではこれまで通り使用できます。

現状、MPP対応しているライブラリはそこまで多くありません。選択肢があまりないので迷うことは少ないかもしれませんが、サービス開発をするうえで使うであろうMPP対応ライブラリをいくつか紹介します(**表1**)。

表1には、現時点でMPP対応しているものしか挙げていませんが、たとえばOkHttpは4.0

表1 | サービス開発に有用なMPP対応ライブラリ

ジャンル	ライブラリ	URL
HTTP	Ktor	https://github.com/ktorio/ktor
Serializer	Kotlin Serialization	https://github.com/kotlin/kotlinx.serialization
RDB	SQLDelight	https://github.com/square/sqldelight
KVS	MultiplatformSettings	https://github.com/russhwolf/multiplatform-settings
DI	Kodein	https://github.com/Kodein-Framework/Kodein-DI
IO	Kotlin IO	https://github.com/Kotlin/kotlinx-io
Date	Klock	https://github.com/korlibs/klock
Logger	Napier	https://github.com/AAkira/Napier

表2 ここで利用する開発環境・ツール

開発環境、ツール	バージョン
macOS	Mojave 10.14.6
Android Studio	3.5.2
Xcode	11.2
Kotlin	1.3.61
Coroutine	1.3.2
KotlinxSerialization	0.14.0
Ktor client, server	1.2.6

にてKotlinに書き換えられました。まだMPPでは利用できませんが、今後対応されれば、MPPでも使い慣れたOkHttpが使えるものと思われます。

その他にも、DIライブラリの**Koin**注3、ログライブラリの**Timber**注4等が続々とMPP対応を発表しているため、今後数年以内にはMPPの開発環境が整っていくものと思われます。

サンプルプロジェクトを作る

では、実際にGradleの設定を含めて簡単なプロジェクトを作ってみましょう。

Ktorで作成したサーバに対して、MPPで作成した共通のモジュールからJSON形式で値を取得し、Android、iOS、webブラウザに表示するサンプルを作ってみましょう。シンプルに作りたいので、なるべくサードパーティ製のライブラリは使用せずに解説していきます。

開発環境について

使用するIDEは、IntelliJ IDEA Ultimateのほうが使いやすいですが、有料となります。ライセンスを持っていない場合は無償のAndroid Studioでも問題なく開発できます。今回は誰でも利用可能なAndroid Studioを使います。ここでの開発環境について**表2**にまとめます。

注3) URL https://github.com/InsertKoinIO/koin
注4) URL https://github.com/JakeWharton/timber

図3 最終的なパッケージ構成

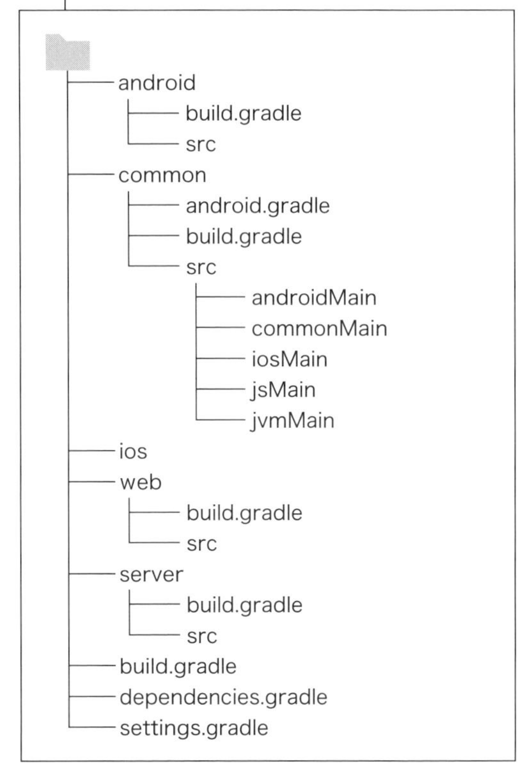

パッケージ構成

最終的なパッケージ構成は**図3**のようになります。

「server」ディレクトリにはKtorのサーバがあります。android、ios、webには各クライアントのコードがあり、Commonという MPPの共通モジュールを参照しています。iOSは、共通モジュールで作成した.framework形式のライ

図4 | プロジェクトの作成

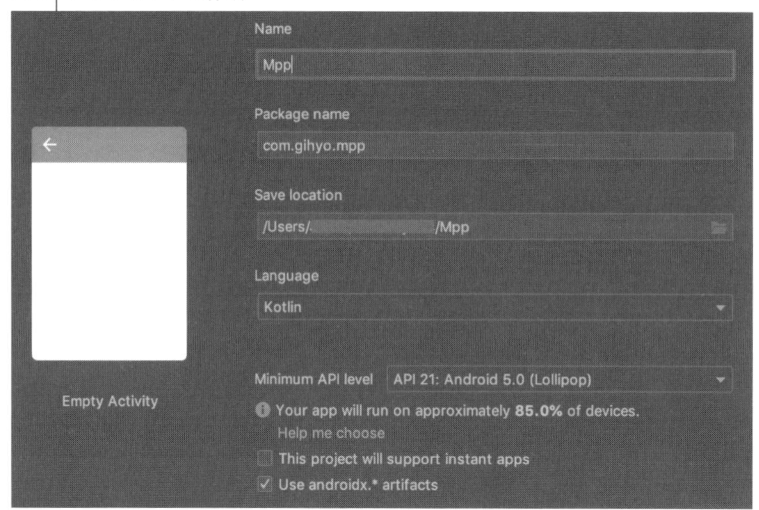

図5 | 共通モジュールの作成

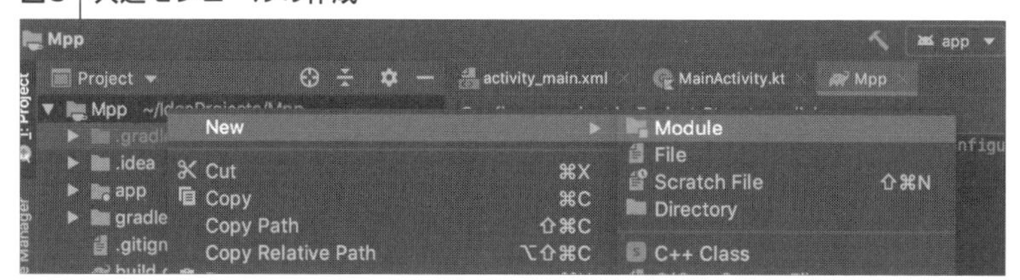

ブラリを読み込んでいます。iOS以外はプラットフォーム毎にGradleで管理されています。

プロジェクトの作成

Gradleプロジェクトの作成をしていきます。

Android Studioから[File]→[New]→[New Project]を選択しましょう。Android Studioの場合、現状ではMPPプロジェクトを直接作ることはできないので、いったんAndroidのプロジェクトを作成します。

次に、[Empty Activity]を選択して**図4**のように入力します。[Name](プロジェクト名)や[Package name]は違う名前でも構いません。適宜置き換えてください。

これでプロジェクトが作成されました。

共通モジュールの作成

最初にプロジェクト作成した時にできた「app」というディレクトリは、Androidの設定で利用します。次に、今回の肝であるMPPの共通モジュールを作成します。

プロジェクトの作成同様に、Android StudioではMPPのモジュール作成は選択肢にありません。そこで、いったんJavaのライブラリを作成します。ルートのパッケージを右クリックし、[New]→[module]→[Java Library]の順に選択して作成しましょう(**図5**)。[Library name]を「common」にします。[Java class name]はそのままで構いません。

モジュールが作成されたら、自動追加された「MyClass.java」は削除してください。この

リスト1 依存関係のみ書いたファイル(dependencies.gradle)

```
ext {
    // android
    mobileVersionCode = 1
    mobileVersionName = "1.0.0"
    compileSdkVersion = 28
    buildToolsVersion = "28.0.3"
    minSdkVersion = 21
    targetSdkVersion = 28

    // dependencies

    // kotlin
    kotlinJvm = "org.jetbrains.kotlin:kotlin-stdlib-jdk8:$kotlin_version"
    kotlinCommon = "org.jetbrains.kotlin:kotlin-stdlib-common:$kotlin_version"
    kotlinJs = "org.jetbrains.kotlin:kotlin-stdlib-js:$kotlin_version"

    // serialization
    serialization_version = "0.14.0"
    serialization = "org.jetbrains.kotlinx:kotlinx-serialization-runtime:$serialization_version"
    serializationCommon = "org.jetbrains.kotlinx:kotlinx-serialization-runtime-common: ⏎
$serialization_version"
    serializationNative = "org.jetbrains.kotlinx:kotlinx-serialization-runtime-native: ⏎
$serialization_version"
    serializationJs = "org.jetbrains.kotlinx:kotlinx-serialization-runtime-js:$serialization_version"

    // coroutine
    coroutine_version = "1.3.2"
    coroutine = "org.jetbrains.kotlinx:kotlinx-coroutines-core:$coroutine_version"
    // 省略

    // ktor client
    ktor_version = "1.2.6"
    ktorClient = "io.ktor:ktor-client-core:$ktor_version"
    // 省略
}
```

方法で作成すると、ルートディレクトリにある「settings.gradle」に`:common`が自動的に追加されます。

これからGradleファイルを書き換える前に、Gradleの**マルチモジュールプロジェクト**を作る際のバージョン管理のコツを説明します。

最近では、マルチモジュールプロジェクトと呼ばれる、Gradleファイルを複数用意し、モジュール毎に機能を分けるやり方が主流になりつつあります。MPPでもマルチモジュールプロジェクトの形をとらなければ実現することができません。

Gradleファイルが複数あり、互いに依存関係を記述するだけですので、そこまで難しくはありません。ただ、Gradleファイルが複数になるためバージョン管理が複雑になってしまう問題があります。そこで、依存関係のみを書いたファイルを用意して、各Gradleファイルはその依存関係が書かれたGradleファイルを参照して依存関係を解決する方法が主流となっています。buildSrcを用意するやり方もありますが、このプロジェクトでは

リスト2 | /dependencies.gradleの読み込み(/build.gradle)

```
apply from: rootProject.file('dependencies.gradle')
```

単純化するために、「dependencies.gradle」という名前のファイルをルートディレクトリに定義して、各モジュールから読み込む手法をとっています。**リスト1**がdependencies.gradleの中身です。

ここには、Androidのバージョンコードと各ライブラリのバージョン一覧が載っています。このプロジェクトではここに記述されたバージョンを参照していきます。ルートディレクトリのbuild.gradleで読み込みます(**リスト2**)。

依存関係の記述ができたので、先ほど作成した/common/build.gradleの中身を書き換えます(**リスト3**)。

P.115で説明した通り、Android用のbuild.gradleは別ファイルに定義していますので注意してください(詳しくはサンプルのコードを確認してください)。依存関係には、今回使用するライブラリを先ほどのdependencies.gradleから参照しています。

commonのbuild.gradleでは、Android、iOS、JavaScript、JVMをターゲットに指定しています。iOSは実機とPCのエミュレータでCPUのアーキテクチャが異なるため、このような方法で指定しています。また、Androidを依存関係に追加する場合はAndroidManifest.xmlが必要なので注意してください。

次に共通のコードを追加します。最初にモデルの定義です。今回はGreetingというモデルを各プラットフォーム共通で利用します(**リスト4**)。JSONパースをしたいので、Kotlin Serializationを使っています。

次にサーバと通信をするAPIクライアントを定義します(**リスト5**)。

ここでは、iOSでCoroutineがシングルスレッドしか使えない問題のため、Coroutine Dispatcherを`expect`にしてプラットフォーム毎に定義しています。また、Androidではエミュレータでのローカルホストへの通信アドレスが異なるため、`hostName`も`expect`になっています。

プラットフォーム毎の`actual`の実装について見ていきましょう。Androidに関しては、Coroutine DispatcherにIOスレッドを利用できます(**リスト6**)。

iOSのみCoroutineのスレッド指定部分が異なっていて、メインスレッドを指定する必要が

リスト3 | /common/build.gradleの書き換え

```
plugins {
    id 'kotlin-multiplatform'
    id 'kotlinx-serialization'
}

apply from: 'android.gradle'

kotlin {
    android()
```

リスト3のつづき

```
    if (project.findProperty("device")?.toBoolean() ?: false) {
        iosArm64('ios') {
            binaries {
                framework()
            }
        }
    } else {
        iosX64('ios') {
            binaries {
                framework()
            }
        }
    }
    js() {
        browser()
    }
    jvm()

    sourceSets {
        commonMain {
            dependencies {
                implementation rootProject.ext.kotlinCommon
                implementation rootProject.ext.coroutineCommon
                implementation rootProject.ext.serializationCommon
                implementation rootProject.ext.ktorClient
                implementation rootProject.ext.ktorClientJson
            }
        }
        iosMain {
            dependencies {
                implementation rootProject.ext.coroutineNative
                implementation rootProject.ext.serializationNative
                implementation rootProject.ext.ktorClientIos
                implementation rootProject.ext.ktorClientJsonIos
            }
        }
        jsMain {
            dependencies {
                implementation rootProject.ext.kotlinJs
                implementation rootProject.ext.coroutineJs
                implementation rootProject.ext.serializationJs
                implementation rootProject.ext.ktorClientJs
                implementation rootProject.ext.ktorClientJsonJs
            }
        }
        jvmMain {
            dependencies {
                implementation rootProject.ext.kotlinJvm
                implementation rootProject.ext.coroutine
                implementation rootProject.ext.serialization
                implementation rootProject.ext.ktorClientJvm
                implementation rootProject.ext.ktorClientJsonJvm
            }
        }
    }
}
```

リスト4 | Greetingモデルの定義(/common/src/commonMain/kotlin/com/github/aakira/mpp/common/Greeting.kt)

```
@Serializable
data class Greeting(val hello: String)
```

リスト5 | APIクライアントの定義(/common/src/commonMain/kotlin/com/github/aakira/mpp/common/ApiClient.kt)

```
internal expect val hostName: String
internal expect val coroutineDispatcher: CoroutineDispatcher

class ApiClient {
  private val httpClient = HttpClient()

  fun getGreeting(successCallback: (Greeting) -> Unit, errorCallback: (Exception) -> Unit) {
    GlobalScope.launch(coroutineDispatcher) {
        try {
            val result = httpClient.get<String> {
                url {
                    protocol = URLProtocol.HTTP
                    host = hostName // expect value
                    port = 8080
                }
            }
            val greeting = Json.parse(Greeting.serializer(), result)
            successCallback(greeting)
        } catch (e: Exception) {
            errorCallback(e)
        }
    }
  }
}
```

リスト6 | Androidでのactualの実装(/common/src/androidMain/kotlin/com/github/aakira/mpp/common/Actual.kt)

```
internal actual val hostName = "10.0.2.2"

internal actual val coroutineDispatcher: CoroutineDispatcher = Dispatchers.IO
```

リスト7 | iOSでのactualの実装(/common/src/iosMain/kotlin/com/github/aakira/mpp/common/Actual.kt)

```
internal actual val hostName = "localhost"
internal actual val coroutineDispatcher: CoroutineDispatcher =
    NsQueueDispatcher(dispatch_get_main_queue())

internal class NsQueueDispatcher(private val dispatchQueue: dispatch_queue_t) :
    CoroutineDispatcher() {
    override fun dispatch(context: CoroutineContext, block: Runnable) {
        dispatch_async(dispatchQueue) {
            block.run()
        }
    }
}
```

リスト8 JVMおよびJSでのactualの実装(/common/src/jsMain/kotlin/com/github/aakira/mpp/common/Actual.kt、/common/src/jvmMain/kotlin/com/github/aakira/mpp/common/Actual.kt)

```
internal actual val hostName = "localhost"

internal actual val coroutineDispatcher: CoroutineDispatcher = Dispatchers.Default
```

リスト9 Ktorサーバ利用のためのGradleファイルの指定(/server/build.gradle)

```
plugins {
    id 'kotlin'
    id 'application'
}

group 'com.github.aakira.mpp'
version '0.0.1'

mainClassName = "io.ktor.server.netty.EngineMain"

sourceSets {
    main.kotlin.srcDirs = main.java.srcDirs = ['src']
    main.resources.srcDirs = ['resources']
}

dependencies {
    implementation project(':common') // 共通モジュールの読み込み

    implementation rootProject.ext.kotlinJvm

    def ktor_server_version = "1.2.6" // サーバのバージョンは別管理
    implementation "io.ktor:ktor-server-netty:$ktor_server_version"
    implementation "io.ktor:ktor-gson:$ktor_server_version"
    implementation "ch.qos.logback:logback-classic:1.2.3"
}
```

あります(**リスト7**)。

JVMとJSモジュールではIOスレッドがないため、CoroutineDispatcher.Defaultを使っています(**リスト8**)。

Ktorサーバの準備

以上でCommonモジュールの設定が完了しましたので、各プラットフォームから使用してみましょう。

まず、サーバ用モジュールを用意します。作成の仕方はCommonモジュールを作成した時と同じです。Ktorサーバを利用するために、Gradleファイルを**リスト9**のように書き換えます。

ポイントとして挙げられるのは、共通モジュールを読み込んでいる点と、Ktorのバージョンを別管理している点です。

クライアント同士はバージョンを合わせたほうが良いのですが、サーバは性質上クライアントとは独立しているため、Ktorのバージョンは別管理されているほうが望ましいです。そのため、Ktorのバージョンは単独で「/server/src/com/github/aakira/mpp/server/Application.kt」に記述しています。

リスト10 | サーバ用モジュールの実際のコード

```
fun Application.module() {
    install(DefaultHeaders) {
        // WEBブラウザからアクセスするためにすべての通信を許可(CORS)
        header(HttpHeaders.AccessControlAllowOrigin, "*")
    }
    install(CallLogging)
    install(ContentNegotiation) {
        gson()
    }
    install(Routing) {
        get("/") {
            call.respond(Greeting("Hello World form server!"))
        }
    }
}

fun main() {
    embeddedServer(
        Netty,
        8080,
        module = Application::module
    ).start()
}
```

リスト10が実際のコードです。内容はとてもシンプルです。ポート番号8080のアクセスに対してJSON形式で共通モジュールに定義してあった`Greeting`モデルを返却しています。

webからの通信は、CORSの仕様でJSONファイルを取得することができません。本来は良くない設定ですが、今回はサンプルのため全部のホストからの通信を許可しています。

これでサーバの準備はできました。

`./gradlew :server:run`を実行し、ポート8080へのアクセスに対してGreetingのJSONファイルを返します。

Androidクライアントの作成

Ktorサーバが作成できたので、各クライアントを作成していきます。

最初にAndroid StudioでAndroidプロジェクトを作成したので、「app」というディレクトリのモジュールがあると思います。そのままでも構いませんが、名前の形式を揃えるために「android」にリネームしておきましょう。また、「settings.gradle」に定義されているモジュールの名前も同時に変更する必要があります。AndroidのGradleファイルも、通常のGradleファイルととくに変わりありません(**リスト11**)。依存関係の箇所で共通モジュールを参照しています。共通モジュールで使用しているライブラリで、packagingOptionsの設定が複数必要な点は注意してください。

リスト12がメインのコードになります。

共通モジュールに定義した`ApiClient`を呼び出して、サーバからJSONファイルを取得しています。

さらに、通信を許可するための設定をAndroidManifest.xmlに追加し、ローカルサーバへの通信を許可するためにxmlファイルに

リスト11 | AndroidのGradleファイル(/android/build.gradle)

```
plugins {
    id 'com.android.application'
    id 'kotlin-android'
    id 'kotlin-android-extensions'
}

android {
    // 省略
    packagingOptions {
        exclude 'META-INF/kotlinx-io.kotlin_module'
        // 省略
    }
}

dependencies {
    implementation project(":common")
    // 省略
}
```

リスト12 | Androidクライアントのコード(android/src/main/java/com/github/aakira/mpp/MainActivity.kt)

```
class MainActivity : AppCompatActivity() {

    private val handler = Handler(Looper.getMainLooper())

    override fun onCreate(savedInstanceState: Bundle?) {
        super.onCreate(savedInstanceState)
        setContentView(R.layout.activity_main)

        ApiClient().getGreeting(
            successCallback = {
                handler.post { helloText.text = it.hello }
            },
            errorCallback = {
                handler.post { helloText.text = it.toString() }
            })
    }
}
```

network security configの設定を追加してください。

Androidの記述はこれしかありません。サーバへのアクセス、JSONファイルのデシリアライズ、取得の処理はすべて共通モジュールの実装になります。このように、プラットフォーム側からロジックの記述をなくすことができます。

サーバから取得した結果を表示した様子は図6の通りです。

図6 | リスト12を使ってサーバからJSONファイルを取得

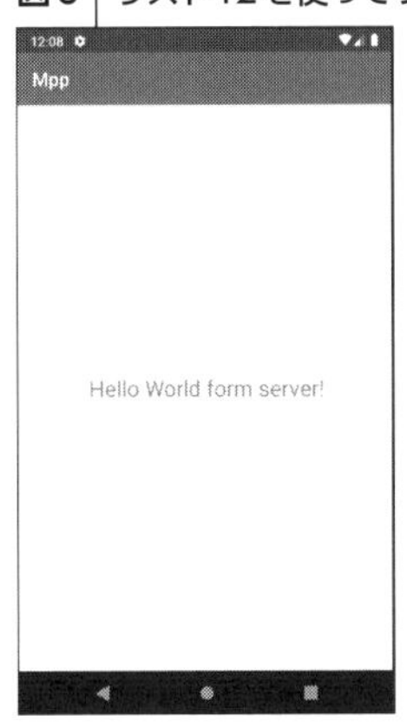

リスト13 | .frameworkを書き出すための設定(/common/build.gradle)

```
task packForXcode {
    def buildType = project.findProperty("kotlin.build.type") ?: "DEBUG"
    def target = project.findProperty("kotlin.target") ?: "ios"
    def framework = kotlin.targets."$target".compilations.main.target.binaries. ⏎
findFramework("", buildType)

    dependsOn framework.linkTask

    doLast {
        copy {
            from framework.outputFile.parent
            into framework.outputFile.parentFile
            include 'data.framework/**'
            include 'data.framework.dSYM'
        }
    }
}

tasks.build.dependsOn packForXcode
```

iOSクライアントの作成

次にiOSのプロジェクトを作成しましょう。iOSはAndroid Studio上で操作することができないので、Xcodeを利用する必要がある点は注意が必要です。

また、XcodeからはGradleファイルを読み込むことができません。そのため、共通モジュールで作成したファイルを.frameworkという形式でiOS用に書き出してXcodeで読み込みます。まずは、そのための設定を共通モジュールのGradleファイルに追記します(リスト13)。

Gradleにタスクを追加したので、`./gradlew packForXcode`というコマンドで、.framework形式のファイルが書き出されます。さらに、`dependsOn`でbuildのタスクに依存させているため、buildタスクを行っても.frameworkファイルの書き出しができます。

共通モジュールの準備ができたので、Xcodeでプロジェクトを作りましょう。[Create a new Xcode project]→[Single View App]の順に選択します。

図7 | Xcodeでプロジェクトを作成

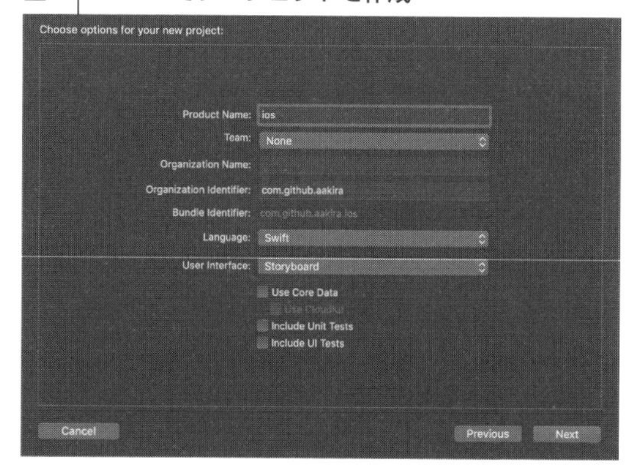

[Product Name]は「ios」、[Organization Identifier]に「com.github/aakira.mpp」を追加しています。場所はどこでも問題ありませんが、プロジェクトルートに揃えて作りましょう(図7)。

作成したframeworkファイルを読み込むため、[General]→[Embedded Binaries]の[+]ボタンをクリックし、common.frameworkの場所を選択しましょう(図8)。デフォルトでは、

図8 common.frameworkの場所を選択

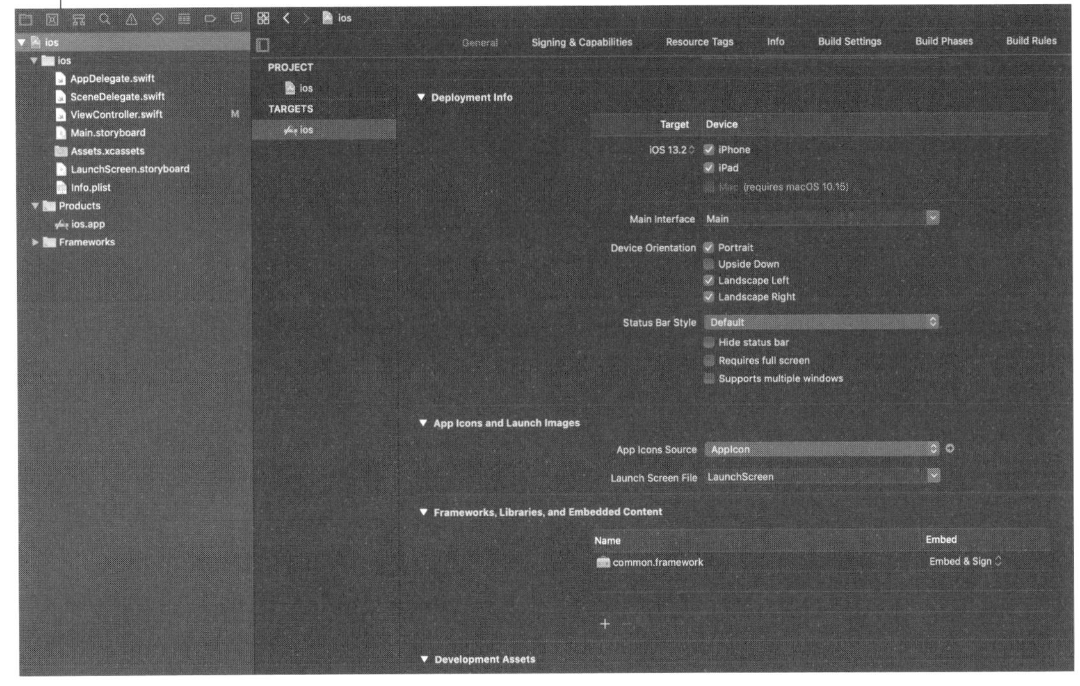

図9 Bitcode設定を無効にする

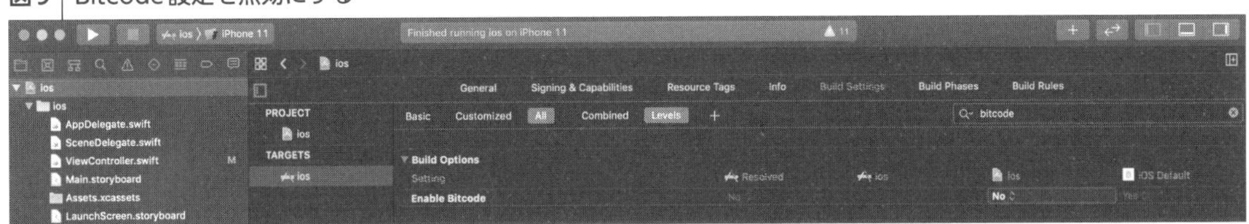

「/common/build/bin/ios/debugFramework/common.framework」になっています。なお、`./gradlew packForXcode`コマンドで先ほど作成したタスクを実行していない場合、.frameworkファイルが作成されないので気を付けてください。

次に、作成した「.framework」はBitcodeと呼ばれるClangの中間ファイルと互換性がないため、プロジェクトのBitcode設定を無効にします。[Build Settings]→[All]から[Enable Bitcode]の値を「No」にしましょう(**図9**)。

次に、[Framework Search Paths]の設定をします。[Build Settings]の画面から[Framework Search Paths]に対して、Buildファイルの成果物のフォルダに合わせて指定します。とくに変更していない場合は、デフォルトの「$SRCROOT/../common/build/bin/ios/debugFramework/」を指定します。

最後に[Run Script]の設定を行います。これはなくても動作しますが、XcodeからのBuildでも共通モジュールの更新ができるので、設定しておくことをお勧めします。[Build Phases]の[＋]→[New Run Script Phase]を選択します(**図10**)。

図10 | Run Scriptの設定

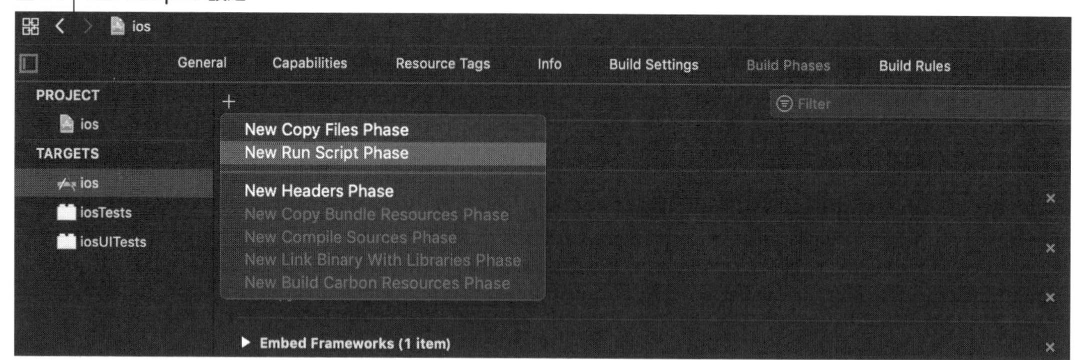

[Shell]の欄に**リスト14**の内容を記述します。

最後に、[Run Script]の項目を[Compile Sources]より上にドラッグで移動させます。以上でXcodeの設定は完了しました。

次に、Swiftのコードです(**リスト15**)。

Swiftコードなので慣れないかもしれませんが、やっていることはAndroidと同じで、サーバからJSONファイルを取得して画面に表示しています。以前はコールバックの箇所でKotlinのUnit型を返す必要があったのですが、Kotlin 1.3.40から不要になりました。

最後にAndroid同様にHTTP通信をするために、info.plistからApp Transport Security Settingsの設定をしてから**リスト15**を実行すると、**図11**のようになります。

リスト14 | [Shell]欄に記述する内容

```
cd "$SRCROOT/../"
./gradlew :common:packForXcode
```

リスト15 | Swiftのコード(/ios/ios/ViewController.swift)

```
import UIKit
import common
class ViewController: UIViewController {

    override func viewDidLoad() {
        super.viewDidLoad()

        let label = UILabel(frame:
            CGRect(x: 0, y: 0, width: view.frame.size.width, height: view.frame.size.height)
        )
        label.textAlignment = .center
        label.font = label.font.withSize(26)
        self.view.addSubview(label)

        ApiClient().getGreeting(
            successCallback:{ repos in
                label.text = repos.hello
            }, errorCallback: { error in
                print(error)
            }
        )
    }
}
```

webブラウザ用モジュールの作成

最後にwebブラウザでも同様の処理を書いてみましょう。これまでと同様にモジュールを作成して、Gradleファイルを記述します(**リスト16**)。

webはKotlin 1.3.40から大幅な変更がありました。従来のkotlin-frontend-pluginが非推奨になり、**org.jetbrains.kotlin.js**に変わっています。

そのため、Gradleファイルの書き方に変更がありtargetの指定方法もこのようになりました。そのままビルドを行うと、HTMLファイル側でKtor ClientやKotlin Serialization等の依存するJavaScriptライブラリを別々に読み込む必要があるため、今回はwebpackを使って依存ライブラリを1つのJavaScriptのファイルにまとめています。

図11 | リスト15の実行結果

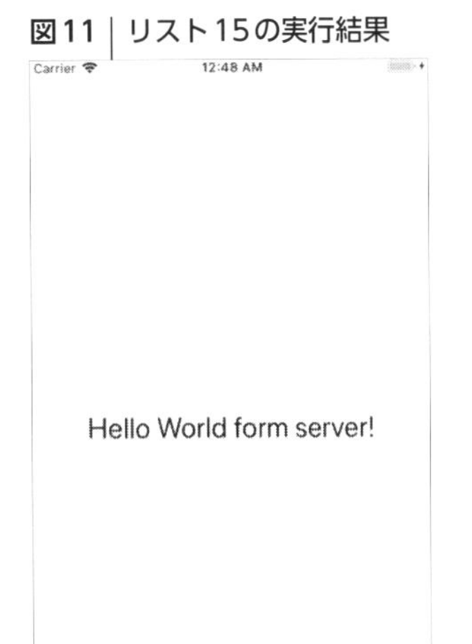

Kotlinのコードは**リスト17**だけです。Android、iOSと同じで、共通モジュールのApiClientを呼び出して返ってきた結果を画面に表示しています。

リスト16 | webのためのGradleの記述(/web/build.gradle)

```
plugins {
    id 'org.jetbrains.kotlin.js'
    id 'kotlin-dce-js'
}

kotlin {
    target {
        browser {
            webpackTask {
                outputFileName = 'main.js'
            }
        }
    }
    sourceSets {
        main {
            dependencies {
                implementation project(':common')
                implementation rootProject.ext.kotlinJs

                implementation npm("text-encoding", "^0.7.0")
                implementation npm("utf-8-validate", "^5.0.2")
                implementation npm("bufferutil", "^4.0.1")
                implementation npm("fs-extra", "^8.1.0")
            }
        }
    }
}
```

リスト17 Kotlinのコード(/web/src/main/kotlin/com/github/aakira/mpp/web/Main.kt)

```
fun main() {
    ApiClient().getGreeting(
        successCallback = {
            document.body?.textContent ⏎
= it.hello
        },
        errorCallback = {
            console.log(it.toString())
        }
    )
}
```

このファイルをビルドすると生成されるJavaScriptのファイルを、HTMLファイルから読み込みます(リスト18)。

Main.ktから作成されたファイルはmain.jsになります。

index.htmlではJavaScriptファイルの読み込みしか行っていません。このファイルをブラウザで開くと図12のようになります。

Android、iOS同様に、サーバから返ってきたオブジェクトが表示されています。

このように、MPPで作成した共通モジュールを読み込むことで、各プラットフォームではViewに関する部分の記述のみで、ロジックに関する記述がまったくありません。MPPを利用すると、各プラットフォームは画面表示の責務に集中することが可能です。これこそがMPPを使う最大のメリットになります。

リスト18 生成されたJavaScriptファイルをHTMLから読み込み(/web/src/main/resources/index.html)

```
<!DOCTYPE html>
<html lang="en">
<head>
    <meta charset="UTF-8">
    <title>Mpp Sample</title>
</head>

<body>
    <script type="text/javascript" ⏎
language="JavaScript" src="../../../ ⏎
build/distributions/main.js"></script>
</body>
</html>
```

まとめ

MPPの素晴らしさを体感していただけたかと思います。MPPを使うことで、本来プラットフォーム毎に実装しなければならなかった共通のロジックコードを1つの記述のみで行うことができます。それによって、各プラットフォームはViewの実装部分のみに集中することができ、バグの減少や開発の効率化に繋がります。

とはいえ、MPPはまだベータ版になります。Androidとサーバでは問題なく動作しますが、現状それ以外のプラットフォームでプロダクトレベルとして使うには、それなりの覚悟が必要となるでしょう。しかし、MPPは人類の夢であり希望です。Kotlinの未来を担うMPPというプロジェクトが今後発展していくことを願いましょう。

図12 ブラウザで開いた結果

執筆者プロフィール

愛澤 萌 あいざわ もゆる

受託開発会社、株式会社エウレカ Pairs事業部、株式会社サイバーエージェント FRESH LIVE事業部およびCyberAgent Advanced Technology Studioを経て、2019年現在、株式会社RABOにてCatlog、株式会社AzitにてCREWの開発に従事。

荒谷 光 あらたに あきら

2015年に株式会社サイバーエージェントに新卒入社し、現在はエムスリー株式会社にてAndroidアプリ開発をしている。まだJavaが主流だった2015年4月頃から、当時ほとんど知られていなかったKotlinをフルで用いてAndroid開発を行っていた。すべてKotlinで書かれた大規模なAndroidアプリをリリースしたのはおそらく国内初だと思われる。現在はKotlin Multiplatform Projectの夢に思いを馳せている。

木原 快 きはら はやと

上智大学卒、東京大学大学院修了後、2017年ヤフー株式会社に入社。サーバサイドエンジニアとしてPayPayフリマやヤフーゲーム、社内プラットフォームの開発に携わり、Kotlinでの開発を主導した。趣味はかわいいTシャツを集めること。

仙波 拓 せんば たく

2017年株式会社サイバーエージェント新卒入社、株式会社AbemaTVでAndroidエンジニアとして動画再生周辺を担当。入社し約3年ほどKotlinでのAndroidアプリ開発に従事。Kotlinを使ったAndroidライブラリなどのOSS開発などにも携わる。

前川 裕一 まえかわ ゆういち

2014年に新卒で株式会社サイバーエージェントにエンジニアとして入社。SNSサービスのAndroidアプリ開発、株式会社AbemaTVにてKotlinでTVアプリの開発を担当。2019年にアルプ株式会社へバックエンドエンジニアとして参加。サブスクリプションビジネス効率化・収益最大化プラットフォームScalebaseを開発中。

監修者プロフィール

山戸 茂樹 やまと しげき

株式会社サイバーエージェント、株式会社マネーフォワード等勤務を経て、現在はヤフー株式会社に所属。サーバーサイドからAndroidアプリ開発までを行うソフトウェアエンジニア。宮城県仙台市出身。

索引

◆本書サポートページ
https://gihyo.jp/book/2020/978-4-297-10917-2
本書記載の情報の修正／訂正／補足については、当該Webページで行います。

カバーデザイン　菊池 祐（株式会社ライラック）
目次・本文デザイン　石田 昌治（株式会社マップス）
DTP　石田 昌治（株式会社マップス）
編集　鷹見 成一郎
執筆協力　赤塚 浩一、釘宮 愼之介、新保 圭太、星川 貴樹、松田 淳平、毛受 崇洋、矢崎 聖也

●お問い合わせについて

本書に関するご質問は記載内容についてのみとさせて頂きます。本書の内容以外のご質問には一切応じられませんので、あらかじめご了承ください。
なお、お電話でのご質問は受け付けておりませんので、書面またはFAX、弊社Webサイトのお問い合わせフォームをご利用ください。

〒162-0846　東京都新宿区市谷左内町21-13
株式会社技術評論社
『みんなのKotlin　現場で役立つ最新ノウハウ！』係
FAX　03-3513-6173
URL　https://gihyo.jp

ご質問の際に記載いただいた個人情報は回答以外の目的に使用することはありません。使用後は速やかに個人情報を廃棄します。

みんなのKotlin　現場で役立つ最新ノウハウ！

2020年2月11日　初版　第1刷発行

著　者　愛澤 萌、荒谷 光、木原 快、仙波 拓、前川 裕一
監　修　山戸 茂樹
発行者　片岡 巌
発行所　株式会社技術評論社
東京都新宿区市谷左内町21-13
電話　03-3513-6150　販売促進部
03-3513-6177　雑誌編集部
印刷所　港北出版印刷株式会社

定価はカバーに表示してあります。

ISBN978-4-297-10917-2 C3055
Printed in Japan